FORSCHUNGSBERICHTE
DES WIRTSCHAFTS- UND VERKEHRSMINISTERIUMS
NORDRHEIN-WESTFALEN

Herausgegeben von Staatssekretär Prof. Leo Brandt

Nr. 285

Prof. Dr.-Ing. Otto Kienzle
Dr.-Ing. Kurt Lange
Dipl.-Ing. Helmut Meinert

Institut für Werkzeugmaschinen und Umformtechnik
Technische Hochschule Hannover

Einfluß der Oberfläche auf das Verschleißverhalten
von Schmiedegesenken

im Auftrage des
Fachverbandes Gesenkschmieden, Hagen i. W.

Als Manuskript gedruckt

WESTDEUTSCHER VERLAG / KÖLN UND OPLADEN
1956

ISBN 978-3-663-03588-6   ISBN 978-3-663-04777-3 (eBook)
DOI 10.1007/978-3-663-04777-3

Forschungsberichte des Wirtschafts- und Verkehrsministeriums Nordrhein-Westfalen

Vorbemerkung

Die vorliegende Arbeit wurde auf Veranlassung des Fachverbandes Gesenkschmieden im Versuchsfeld der Forschungsstelle Gesenkschmieden und in einer Reihe von Gesenkschmiedebetrieben durchgeführt. Bei der Oberflächenbehandlung der untersuchten Gesenke wirkten die Firma Peter Wolters, Mettmann (Druckstrahlläppen) [1] sowie Morsch & Strötzel, Hildesheim (Hartverchromen) und Degussa-Durferrit, Frankfurt/Main (Nitrieren) mit. An Untersuchungen im praktischen Schmiedebetrieb beteiligten sich die Firmen F. Hesterberg & Söhne, Ennepetal-Milspe sowie Carl Dan. Peddinghaus KG., Ennepetal-Altenvoerde. Die Firma Gebr. Nagel, Priorei i.W., förderte durch Übertragung größerer Aufträge an Schmiedestücken an die Forschungsstelle Gesenkschmieden die Untersuchungen beträchtlich. Das Land Nordrhein-Westfalen stellte die zur Durchführung der Arbeiten benötigten Mittel zur Verfügung.

Gliederung

Vorbemerkung . . . . S. 3

1. Einleitung . . . . S. 5

   1.1 Handhabung in der Praxis . . . . S. 5

2. Die Gesenkoberfläche und ihre Behandlung . . . . S. 5

   2.1 Allgemeines über technische Oberflächen, insbesondere Gesenkoberflächen . . . . S. 5

   2.2 Oberflächenbehandlungsverfahren und ihre Anwendung auf Gesenke . . . . S. 7

      2.21 Mechanische Verfahren:

         2.211 Schmirgeln . . . . S. 8

         2.212 Druckstrahlläppen . . . . S. 8

      2.22 Chemische Verfahren:

         2.221 Nitrieren . . . . S. 9

         2.222 Inchromieren . . . . S. 1o

---

[1]. Die Untersuchungen wurden in dankenswerter Weise von Herrn Dipl.-Ing. DICKORÉ betreut

2.23 Elektrochemische Verfahren:
    2.231 Elektropolieren . . . . S. 11
    2.232 Hartverchromen . . . . S. 12

3. Ursachen des Gesenkerliegens . . . . S. 12
   3.1 Gewaltbrüche . . . . S. 12
   3.2 Verschleiß . . . . S. 13
   3.3 Beschränkte Gesenkhaltbarkeit infolge Rißbildung . . . S. 16

4. Eigene Versuche . . . . S. 17
   4.1 Zielsetzung, Planung, Umfang (Veränderliche) . . . . . S. 17
   4.2 Versuchsdurchführung . . . . S. 19
   4.3 Meßverfahren . . . . S. 20

5. Ergebnisse . . . . S. 21
   5.1 Gesenkmaßänderung . . . . S. 21
      5.11 Zapfengesenke . . . . S. 23
      5.12 Radiatorenstopfengesenke . . . . S. 26
   5.2 Oberflächenbild und Rißbildung . . . . S. 32
   5.3 Rauheit . . . . S. 39
   5.4 Temperaturen . . . . S. 4o
   5.5 Gesenkhärte . . . . S. 41
   5.6 Ergebnisse ergänzender Versuche in einer Gesenkschmiede S. 41

6. Bedeutung für die Praxis . . . . S. 44

7. Zusammenfassung - Herausstellung weiterer Fragen . . . . S. 47

8. Literaturverzeichnis . . . . S. 49

Forschungsberichte des Wirtschafts- und Verkehrsministeriums Nordrhein-Westfalen

1. Einleitung

Bezüglich der Lebensdauer von Schmiedegesenken herrscht allgemein die Ansicht, daß die von der Gesenkherstellung herrührenden Bearbeitungsspuren, wie Riefen und Kratzer, Ausgangspunkte des Gesenkverschleißes bilden. Man folgert daraus, daß eine glattere Gesenkoberfläche sich verschleißgünstiger verhält. Inwieweit diese Meinung jedoch berechtigt ist, welche Verfahren zur Behandlung der Gesenkoberfläche geeignet sind und welchen Einfluß die Oberflächenbeschaffenheit auf die Gesenklebensdauer hat, bedarf noch einer eingehenden Klärung. Hierzu soll die vorliegende Arbeit einen Beitrag geben.

1.1 Derzeitige Handhabung in der Praxis

Die Herstellung der Gravur erfolgt im allgemeinen durch Fräsen oder Drehen und Nacharbeiten von Hand bzw. Schlichten auf einer Nachformfräsmaschine (reine Drehgesenke werden auf der Drehbank sauber geschlichtet bzw. geschmirgelt und bedürfen dann keiner weiteren Nacharbeit). Daran schließt sich eine Feinbearbeitung durch Schleifen (Schleifhexe) und Glätten mittels Schlichtfeilen und Schmirgelpapieren feiner werdender Körnung an. Beim nachfolgenden Vergüten [2] bildet sich Härtezunder, der durch Ausputzen entfernt wird. Hierdurch entstehen erneut Kratzer und Riefen.

Im allgemeinen ist man bestrebt, eine möglichst glatte Oberfläche herzustellen. Gesenke, aus denen nur eine kleine Stückzahl geschmiedet werden soll, werden jedoch nicht ganz so sorgfältig geglättet, da dieses Verfahren zeitraubend und kostspielig ist. Dies gilt auch, wenn an die Schmiedestückoberfläche keine besonderen Ansprüche gestellt werden.

2. Die Gesenkoberfläche und ihre Behandlung

2.1 Allgemeines über technische Oberflächen, insbesondere Gesenkoberflächen

Für die Beschreibung und Ermittlung des Oberflächenzustandes gelten allgemein die Begriffe, Bezugssysteme und Maße nach DIN 4760 bis 62 (technische Oberflächen).

Die makrogeometrische Form der Gesenkoberfläche ist durch die Gestalt des Schmiedestücks und durch die besonderen Eigenarten des Gesenkschmiedens

---

2. Große Gesenke werden im vergüteten Zustand bearbeitet

(Gesenkschräge, Grat) bedingt. Die mikrogeometrische Gestalt rührt von der Bearbeitung her. Ihr wesentliches Kennzeichen ist die Rauheit, die bei Gesenken üblicherweise am Profilausschnitt (Abb. 1) gemessen wird. Für vergleichende Betrachtungen zieht man besser den Flächenausschnitt heran, den man z.B. bei Oberflächen-Mikroaufnahmen erhält. Profilausschnitte und Flächenausschnitte werden in diesem Bericht noch mehrfach gezeigt werden.

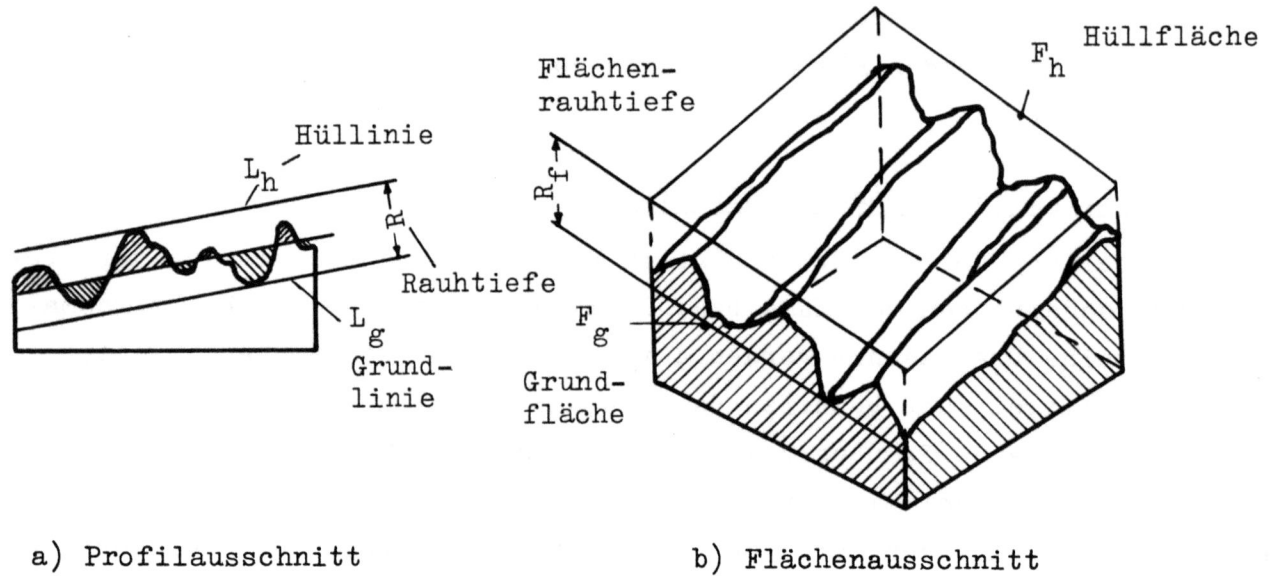

a) Profilausschnitt　　　　　　　b) Flächenausschnitt

A b b i l d u n g 1

Bezugssystem bei technischen Oberflächen (nach DIN 4762)

Als Meßgeräte für Profilausschnitte werden vorzugsweise das Tastgerät von FORSTER-LEITZ sowie das TALYSURF- und PERTHEN-Gerät verwandt. Auch das Lichtschnittverfahren nach SCHMALTZ ist grundsätzlich geeignet, doch muß man damit eine größere Anzahl von Messungen vornehmen, um brauchbare Durchschnittswerte zu erhalten. Das Verfahren gibt nämlich nur kleine Ausschnitte der Oberfläche wieder; es erlaubt auch keine Aussage über den Oberflächencharakter und wird bei kleinen Rauhtiefen ungenau.

Die Oberflächen von Gesenken bildet sich entsprechend dem Herstellverfahren aus. Reine Drehgesenke zum Beispiel haben eine gleichmäßige Oberfläche; die Rauhheiten betragen bei sauberer Bearbeitung z.B. durch Schmirgeln nur 2 bis 3 μ. Im allgemeinen dürften sie jedoch etwas höher liegen. Von Hand nachgearbeitete bzw. geputzte Gesenke zeigen dagegen einen völlig unregelmäßigen Verlauf der Bearbeitungsriefen; diese haben auch wechselnde Tiefen. Einzelne Kratzer erreichen 20 µ und mehr. Abbildung 2 zeigt eine derartige von Hand geputzte Fläche.

Zwecks Erzielung gleichmäßiger Oberflächenbeschaffenheit, d.h. gleichmäßiger geringer Rauheit, stehen nun eine Reihe von Bearbeitungsverfahren, wie elektrolytisches Polieren und Druckstrahlläppen zur Verfügung. Diese verändern die Härte der Gesenkoberfläche nicht, während andere Verfahren wie Nitrieren, Inchromieren und Hartverchromen die Oberflächeneigenschaften auf verschiedene Weise verändern. Hierauf soll anschließend noch näher eingegangen werden.

A b b i l d u n g 2
Flächenausschnitt eines von Hand nach dem Vergüten ausgeputzten Gesenkes (V = 75:1)

2.2 Oberflächenbehandlungsverfahren und ihre Anwendbarkeit auf Gesenke

Die Oberflächenbehandlung bezweckt eine bessere Anpassung der Arbeitsflächen an die Arbeitsbedingungen. Die an eine Gesenkoberfläche zu stellenden Anforderungen sind:

1) Große Verschleißfestigkeit, womit meist eine entsprechende Härte parallel läuft;
2) geringe bildsame Verformung unter Druck;
3) geringe Adhäsion wegen der Gefahr des Klebens im Gesenk und ein möglichst kleiner Reibwert µ, der eine Einsparung von Umformarbeit bewirkt. Reibwert und Adhäsion werden u.a. durch die Rauheit der Oberfläche beeinflußt.

Die in Frage kommenden Oberflächenbehandlungsverfahren lassen sich in mechanische, chemische und elektrochemische trennen:

    2.21 Mechanische Verfahren: 2.22 Chemische Verfahren:
       2.211 Schmirgeln   2.221 Nitrieren
       2.212 Druckstrahlläppen   2.222 Inchromieren
    2.23 Elektrochemische Verfahren:
       2.231 Elektrolytisches Polieren
       2.232 Hartverchromen

Forschungsberichte des Wirtschafts- und Verkehrsministeriums Nordrhein-Westfalen

2.21 Mechanische Verfahren

2.211 Schmirgeln

Das Schmirgeln dient zur Entfernung des Härtezunders und soll die Oberflächenrauheit verringern, was durch eine genügend feine Körnung des Schleifpapiers und entsprechenden Arbeitsaufwand zu erreichen ist. Mit Schmirgeln der Körnung 180 kann beispielsweise eine Rauhtiefe $R = 3-5\mu$ erzielt werden.

2.212 Druckstrahlläppen

Ein neueres Verfahren, das ebenfalls Schleifmittel verwendet, sonst aber eine gewisse Ähnlichkeit mit dem Sandstrahlen besitzt, ist das Druckstrahlläppen (1, 2). Lose Schleifkörner, die gleichmäßig in einer Flüssigkeit verteilt sind, werden mit über doppelter Schallgeschwindigkeit (700 bis 900 m/s) auf die zu bearbeitende Gesenkoberfläche geschleudert. Die hohe Geschwindigkeit wird durch Druckluft von 6 - 7 atü erzeugt. Das Arbeitsvermögen eines einzelnen Schleifkornes ergibt sich aus seiner kinetischen Energie: $E = \frac{m}{2} \cdot v^2$. Da die Korngröße der vorhandenen und der angestrebten Rauhtiefe entsprechend zu wählen ist, kann das erforderliche Arbeitsvermögen des einzelnen Korns nur durch sehr hohe Geschwindigkeiten erreicht werden.

Die Läppflüssigkeit bildet auf der zu bearbeitenden Oberfläche einen Film, aus dem die Rauheitsspitzen herausragen. Diese Spitzen sind somit dem verstärkten Angriff der Schleifkörner ausgesetzt, während die Täler durch die dämpfende Wirkung der Flüssigkeit geschützt werden. Zerspanungsarbeit leisten nur die Körner, die mit ihren Kanten auf die zu bearbeitende Oberfläche auftreffen, während die übrigen mit den Seiten aufschlagen und eine Stauchwirkung ausüben. Neben der Verringerung der Rauheit soll daher auch eine Oberflächenverdichtung eintreten, die sich durch Mikrohärtemessungen allerdings noch nicht nachweisen ließ.

Durch das Druckstrahlläppen läßt sich die Rauheit beliebig geformter Oberflächen unter Beibehaltung der makrogeometrischen Form verringern. Dies ist der wichtigste Unterschied gegenüber anderen Feinbearbeitungsverfahren, die nur für ebene oder zylindrische Flächen geeignet sind, denn damit lassen sich die Oberflächen verwickelter Körper oder Hohlformen gleichmäßig behandeln.

Das Druckstrahlläppen erfolgt am besten nach dem Vergüten, wobei der Härtezunder sofort abspringt und Gravurfehler (Risse) deutlich sichtbar werden. Die Ausgangsrauheit soll nicht mehr als 15 μ betragen und möglichst gleichmäßig über der gesamten Fläche vorhanden sein. Die Spanabnahme kann wie beim Schleifen durch Körnung und Härte des Schleifmittels beeinflußt werden. Für Gesenkstähle wird z.B. Siliziumkarbid empfohlen. Erreichen lassen sich damit ohne zu großen Aufwand Rauheiten von 0,5 μ. Ist die Ausgangsrauheit groß, so muß man gegebenenfalls zwei verschiedene Körnungen nacheinander anwenden, d.h. erst ein gröberes und dann ein feineres Korn. Der Strahlwinkel, d.h. der Winkel zwischen Oberfläche und Strahlrichtung, beträgt zweckmäßig 45°. Hierbei wird die beste Spanabnahme erzielt.

Ein großer Vorteil gegenüber dem Schmirgeln von Hand ist die erhebliche Zeitersparnis, die schon bei einfachen und daher auch leicht zu schmirgelnden Gesenken bis über 80 % betragen kann. Hierbei sind alle mit dem Läppen zusammenhängenden Nebenzeiten schon berücksichtigt; die reinen Läppzeiten betragen oft nur wenige Minuten. Erwähnt sei noch, daß scharfe Kanten etwas abgerundet werden, was sich günstig auf das Verschleißverhalten des Gesenkes auswirkt. Kleine Risse lassen sich durch Druckstrahlläppen abtragen oder zumindest ausrunden, wodurch ein Weiterreißen vermieden werden kann. Dies empfiehlt die Anwendung des Verfahrens zur Glättung von Gravuren nach einer bestimmten Betriebsdauer.

2.22 Chemische Verfahren

Die chemischen Oberflächenbehandlungsverfahren machen eine Wärmebehandlung in einem Einsatzmittel erforderlich. Wegen der notwendigen hohen Temperaturen ist ihre Anwendbarkeit für Schmiedegesenke begrenzt.

2.221 Nitrieren

Bei der Nitrierhärtung kann das Aufsticken entweder durch langzeitiges Einsetzen im Ammoniakstrom (Gasnitrieren) (3) oder kurzzeitiges Badnitrieren im Zyanbad erfolgen. Bei Temperaturen von 500 bis 580 °C beträgt die Behandlungsdauer bei dem erstgenannten Verfahren bis zu 96 Stunden, bei dem letztgenannten wenige Stunden, je nach angestrebter Oberflächenhärte und Einsatztiefe. Während das Nitrieren schwach belasteter Maschinenteile sich außerordentlich verschleißgünstig erwiesen hat, ist bei Schmiedegesenken die große Härte und Verschleißfestigkeit der nitrierten Oberflächenschicht nur dann wirksam, wenn die Streckgrenze des Gesenkwerkstoffes genügend hoch liegt, so daß ein Durchdrücken der harten Schicht vermieden wird. Die Gesenke müssen also vor dem Nitrieren gehärtet werden. Die erreichte Blockhärte wird jedoch durch die tiefgreifende Anlaßwirkung des Nitrierbades bei den üblichen Gesenkstählen (55 Ni Cr Mo V 6 und 56 Ni Cr Mo V 7) weitgehend abgebaut. Einer dünnen, sehr harten Oberflächenschicht ($H_P \approx 650$ kg/mm^2) [3] steht dann ein weicher Kern ($\sigma_B \approx 120$ kg/mm^2) gegenüber.

Die Vorteile des Nitrierens sind: Härte und gute Verschleißfestigkeit auch bei hoher Arbeitstemperatur, weshalb z.B. spanende Werkzeuge aus Schnellarbeitsstahl mit Erfolg nitriert werden; weiterhin wird die hohe Oberflächenhärte ohne Abschrecken erzielt.

2.222 Inchromieren

Ein weiteres chemisches Verfahren zur Verbesserung der Verschleißfestigkeit von Metalloberflächen ist das Inchromieren, ein Diffusionsverfahren, durch das Oberflächenschichten mit einem Chromgehalt von 13 bis 30 % erzielt werden. Bei dem BECKER-DAEVES-STEINBERG-Verfahren werden die Teile in geschlossener Retorte in einem chromabgebenden Gemisch bei etwa 800 bis 1000 °C einige Stunden erhitzt. Die Übertragung des Chroms erfolgt dabei über die Dampfphase als Chromchlorid, das von dem Gemisch entwickelt wird. Die Inchromierung ist ein Atomaustauschverfahren, bei dem für jedes einwandernde Chromatom ein etwa gleich großes Eisenatom als Eisenchlorid entweicht, wodurch gute Maßhaltigkeit gegeben ist.

Da die guten Verschleißeigenschaften hochchromlegierter Gesenkstähle sehr geschätzt sind, ihr Einsatz wegen der hohen Werkstoff- und Bearbeitungskosten aber oft unwirtschaftlich ist, könnte die Inchromierung einen gangbaren Mittelweg bieten, wenn nicht die hohe Temperatur notwendig wäre. Ein weiterer entscheidender Nachteil besteht darin, daß nur Stähle mit geringem C-Gehalt (höchstens 0,2 %) inchromiert werden können. Bei höherem Kohlenstoffgehalt ist der Rand zu entkohlen. Allerdings sind dann der Chromdiffusion Grenzen gesetzt, da der Kohlenstoff aus dem Inneren dem eindringenden Chrom entgegenwandert. Eine Verwendung dieses Verfahrens ist also bei den üblichen Gesenkstählen nicht möglich.

---

3. Diesen Zahlen liegt das Durferrit-Nitrierverfahren mit Nitriersalz NS 350 zugrunde (4)

2.23 Elektrochemische Verfahren

Von den elektrochemischen Oberflächenbehandlungsverfahren sind nur zwei für Gesenke von Bedeutung: Das elektrolytische Polieren als Abtragsverfahren und die Hartverchromung als Auftragsverfahren. Es soll vorteilhaft sein, beide nacheinander anzuwenden, da eine elektropolierte Oberfläche die beste Grundlage für die Hartchromschicht ist (5).

2.231 Elektropolieren

Beim Elektropolieren wird der Gesenkblock als Anode in den Elektrolyten eingebracht. Je nach der Art des Werkstoffes finden sehr unterschiedlich zusammengesetzte Elektrolyten (6) Verwendung. Dementsprechend sind auch die erforderlichen Badbedingungen wie Stromdichte, Spannung und Badtemperatur sowie die Polierdauer verschieden.

Das elektrolytische Polieren läuft etwa in der folgenden Weise ab (7): Durch die Elektrolyse bildet sich an der Anode (Gesenkoberfläche) ein hochviskoser Schutzfilm, der dem elektrischen Strom einen höheren Widerstand als der Elektrolyt entgegensetzt. Bei rauher Oberfläche ist dieser Film an den hervorstehenden Spitzen dünner und hat daher einen geringeren Ohmschen Widerstand. Dadurch tritt an diesen Stellen eine Anhäufung der Stromlinien auf, die zur Abtragung der Spitzen führt. Dieser Vorgang wiederholt sich so lange, bis der Anodenfilm überall gleichmäßig dick ist. Eine elektropolierte Oberfläche ist glänzend und weist je nach Vorbearbeitung und Polierdauer Rauhtiefen zwischen 5 und $0,5\,\mu$ auf. Es ist möglich, den durch das Vergüten entstehenden Härtezunder zu entfernen; hierdurch wird die zeitraubende Putzarbeit gespart.

Die Werkstoffzusammensetzung ist für den Erfolg des Elektropolierens entscheidend. Kohlenstoffstähle mit $C < 0,9\,\%$ sowie nichtrostende Stähle lassen sich gut elektropolieren. Schwach legierte Stähle sind dann geeignet, wenn sie nur geringe Anteile karbidbildender Legierungselemente ($Cr > 3\,\%$, W, Ti, Ta, V, Mo) enthalten, da derartige Karbide sehr widerstandsfähig sind. Man würde in diesem Fall eine reliefartige Oberfläche erhalten.

Das Elektropolieren bietet nun folgende wesentliche Vorteile:

1) Der Vorgang läuft selbsttätig ab,
2) nahezu jede Oberflächenform kann elektropoliert werden,
3) die Makroform bleibt erhalten,

4) es lassen sich in kurzer Zeit (etwa 5 - 1o Minuten) sehr glatte Oberflächen erzielen,
5) etwaige Härterisse werden sofort sichtbar.

Dem stehen folgende Nachteile gegenüber:

Die Anlagekosten sind verhältnismäßig hoch,
das Bad erfordert eine sachkundige Pflege.

2.232 Hartverchromung

Dieses Verfahren, bei dem im Gegensatz zu den bisher behandelten eine Fremdstoffschicht elektrolytisch aufgelegt wird, hat sich als besonders verschleißhemmend erwiesen. Die günstigen Ergebnisse einzelner Stichversuche machten eine größere Versuchsarbeit notwendig, nach deren Abschluß ein besonderer Bericht erstattet wird.

3. Ursachen des Gesenkerliegens

Die Anzahl der in einem Schmiedegesenk geschmiedeten Werkstücke wird häufig, wie bei Zerspanungswerkzeugen gebräuchlich, als "Standzeit" bezeichnet, obwohl die Zeit hierbei keineswegs das entscheidende Kriterium darstellt. Es ist deshalb sinnvoller, die Anzahl der in einem Gesenk bis zu seinem Erliegen geschmiedeten Werkstücke als "Standmenge" zu bezeichnen.

Die Ursachen für das Gesenkerliegen sind verschiedener Art. Nach einer Zusammenstellung von ASSMANN (8) gilt etwa folgende Verteilung:

Gewaltbrüche:
    infolge fehlerhafter Gesenkgestaltung   1o %
    infolge reiner Wärmebehandlungsfehler   2o %
    infolge unsachgemäßer Werkstoffwahl und
    reiner Werkstoffehler   3 %
Verschleiß: 37 %
Beschränkte Gesenkhaltbarkeit infolge Rißbildung: 3o %.

3.1 Gewaltbrüche

Die meist schon frühzeitig auftretenden Gewaltbrüche können durch geeignete Maßnahmen (Werkstoffauswahl, vorschriftsmäßiges Vergüten, Anwärmen vor dem Schmieden, sorgfältiger Einbau im Hammer u.a.m.) vermieden werden. Von einer weiteren Betrachtung soll daher in diesem Rahmen abgesehen werden.

3.2 Verschleiß

Der Begriff "Verschleiß" ist in DIN 50 320 (Vornorm) wie folgt definiert:
"Unter Verschleiß im Sinne der Technik wird die unerwünschte Veränderung der Oberfläche von Gebrauchsgegenständen durch Lostrennen kleiner Teilchen infolge mechanischer Ursachen verstanden". Des weiteren gliedert das Normblatt die Verschleißvorgänge in Anfangsbedingungen, Ablauf und Endergebnis. Im allgemeinen sind folgende 5 "Elemente" zum Zustandekommen des Verschleißes notwendig:

Allgemein:	Speziell beim Schmieden:
1 Grundkörper ⎫ Verschleiß-	1 Gesenk
2 Gegenstoff ⎭ paarung	2 erwärmtes Schmiedegut
3 Zwischenstoff	3 Zunder, Sägespäne, Schmiermittel
4 Bewegung	4 durch Umformmaschinen
5 Belastung	5 bzw. Stößel der Presse oder Schmiedemaschine

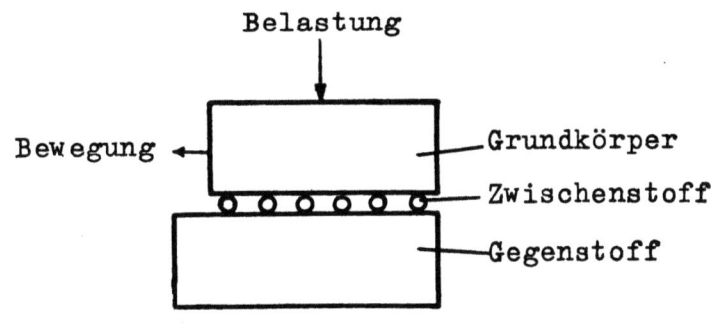

A b b i l d u n g 3
Beteiligte Elemente beim Verschleißvorgang
(nach DIN 50 320 - Vornorm)

Diese 5 Elemente reichen aber zur Kennzeichnung und Deutung der Verschleißvorgänge nicht aus. Vielmehr spielen zusätzlich Temperatureinflüsse sowie Reaktionen zwischen dem Werkzeugstoff und der umgebenden Atmosphäre eine wesentliche Rolle. Mechanische, physikalische und chemische Vorgänge laufen gleichzeitig nebeneinander ab und beeinflussen sich gegenseitig. Es ist daher schwer festzustellen, was Ursache und was Wirkung ist. Der gesamte Fragenkomplex bedarf auf jeden Fall bezüglich der Schmiedegesenke noch einer gründlichen Durchleuchtung. Nach dem heutigen Stand der Erkenntnis müssen dabei folgende Einflußgrößen untersucht werden:

Gesenk:
>   Form
>   Oberflächenbeschaffenheit
>   Werkstoffart, Gefüge und Härte
>   zeitlicher Temperaturverlauf in der Gravur
>   und im Innern des Gesenkblockes

Schmiedestückwerkstoff:
>   Ausgangsform
>   Werkstoffart (Gefüge und Härte)
>   Temperatur

Zwischenstoff:
>   Veränderung des Reibungsbeiwertes μ
>   durch Schmiermittel und Zunderbildung

Umformmaschine, die Bewegung und Belastung erzeugt:
>   Art der Bewegung (Stoßen, Gleiten)
>   Dauer der Bewegung
>   örtlicher und zeitlicher Geschwindigkeitsverlauf
>   Art und Dauer der Belastung
>   örtlicher und zeitlicher Verlauf der Flächenpressung.

Das Endergebnis des Verschleißvorganges, also das unbrauchbare Gesenk, ist durch zahlenmäßige Angabe des Verschleißbetrages nach DIN 50 321 (Entwurf) und nähere Beschreibung und Abbildung der verschlissenen Oberfläche zu kennzeichnen. Die Forderung nach zahlenmäßiger Angabe des Verschleißgewichtes (mg) oder -volumens (mm^3) ist nur schwer zu erfüllen, da derart feinfühlige Waagen für die verhältnismäßig großen Gesenkgewichte aus wirtschaftlichen Gründen nicht in Betracht kommen. Man muß daher den Verschleiß durch die Maßänderung der Hohlform kennzeichnen (9). Die Gesenkmaßänderung kann jedoch nur dann Aufschluß über den Verschleißfortschritt geben, wenn man die gegebenenfalls darin enthaltene bildsame Verformung des Gesenkes berücksichtigt.

Die große Bedeutung der Verschleißforschung und -bekämpfung ergibt sich aus der Tatsache, daß etwa 37 % aller Schmiedegesenke (nach ASSMANN (8)) durch Abnutzung unbrauchbar werden. Dabei muß noch besonders betont werden, daß nach LANGE (9) im allgemeinen nur 30 % der Schmiedestücktoleranz für die Gesenkmaßänderung ausnutzbar sind.

Forschungsberichte des Wirtschafts- und Verkehrsministeriums Nordrhein-Westfalen

Aus der großen Zahl der Beiträge zum Thema Verschleißverhalten der Stähle sollen hier nur die systematischen Untersuchungen von RÄDEKER (1o) herangezogen werden, obwohl diese Ergebnisse wegen der anders gelagerten Verschleißbedingungen nicht ohne weiteres auf Schmiedegesenke übertragen werden können, wenngleich sich auch einzelne an Gesenken gemachte Beobachtungen mit denen von RÄDEKER decken.

Bei diesen Versuchen glitt ein rotierender Ring auf einer Platte aus gleichem Werkstoff. Es wurden niedriglegierte Kohlenstoffstähle, nichtrostende Cr- und Cr-Ni-Stähle, Manganstahl und Gußeisen untersucht, wobei besonderes Augenmerk auf das Verschleißverhalten bei erhöhten und tiefen Temperaturen, unter verschiedenen Belastungen und Gleitgeschwindigkeiten sowie unter Mitwirkung von Schmier- und Schleifstoffen und chemischen Flüssigkeiten gelegt wurde. Als Verschleißmaß wurde der Gewichtsverlust ermittelt.

Folgende Ergebnisse werden genannt:

1) Bei Stahl erfolgt die Verschleißzunahme linear mit der Laufzeit (bzw. dem Gleitweg).

2) Der Verschleiß nimmt mit der Belastung nicht stetig zu, wobei allerdings zu beachten ist, daß die Flächenpressung niedrig war (2,5 bis 11,2 kg/mm^2).

3) Bei niedriger Gleitgeschwindigkeit (1,8 m/s) ist der Verschleiß wesentlich größer als bei hoher (9,5 m/s). Lediglich bei Gußeisen (wahrscheinlich wegen der Graphitausscheidungen) und austenitischem Manganstahl wurde das Entgegengesetzte beobachtet.

4) Der Einfluß der Härte und des Gefügezustandes war sehr verschiedenartig je nach Werkstoffzusammensetzung und Gleitgeschwindigkeit.

5) Die Einwirkung des Zwischenstoffes war derart, daß Schmieröl, Bohröl, wässrige Seifenlauge und in Wasser gelöster kolloidaler Graphit - dieser allerdings erst in erheblicher Konzentration - verschleißmindernd wirkten. Unerwarteterweise zeigte Zunder die gleiche Wirkung.

6) Bei der Untersuchung des Wärmeeinflusses wurden Temperaturen von -19o bis +6oo °C angewandt. Der stärkste Verschleiß wurde immer bei den tiefen Temperaturen gemessen. Mit steigender Temperatur sank die Verschleißmenge auf ein Minimum, das je nach Werkstoffzusammensetzung

zwischen 200 bis 600 °C liegt. Bei kleinen Gleitgeschwindigkeiten traten erhebliche Verschleißunterschiede sowohl der Werkstoffe untereinander als auch bei den verschiedenen Temperaturen auf.

Es muß späteren Untersuchungen vorbehalten bleiben festzustellen, inwieweit diese Ergebnisse auch auf Schmiedegesenke zutreffen. Zuvor müssen aber sowohl die örtliche und zeitliche Geschwindigkeitsverteilung als auch die örtliche und zeitliche Druckverteilung für gewisse Körperelemente, aus denen man sich das Gesenk zusammengesetzt denken kann, näher untersucht werden. Arbeiten zu diesen beiden Themen könnten wegen ihrer grundlegenden Bedeutung die Fragen der Gesenkgestaltung einschließlich etwa notwendiger Vorformen, der Umformmaschine und der Verschleißbekämpfung wesentlich vorantreiben.

Den Verschleißvorgang an sich zu beschreiben, ist mehrfach unternommen worden, ohne daß indes eine allgemein gültige Erklärung zu finden war. Bei dem Trocken-Gleit-Verschleiß metallischer Oberflächen (Bezeichnung nach DIN 50 320: Me:Me 3) nimmt man an, daß einzelne hervorstehende Spitzen des Grundkörpers mit gleichen Spitzen des Gegenkörpers verschweißen. Diese verschweißten Spitzen längen sich infolge Gleitung und Belastung und brechen an einem geschwächten Querschnitt. Es entstehen kleine Schuppen, die teils lose zwischen den Gleitflächen liegen, teils wieder verschweißen. So wird schließlich eine gewisse Oberflächenrauheit erreicht, die nur geringfügig um einen Mittelwert pendelt. In Gleitrichtung sind auf der Oberfläche je nach Geschwindigkeit Schuppen oder Riefen sichtbar. Wenn diese Theorie auch für den Verschleiß gleicher metallischer Werkstoffe weitgehend zutrifft, kann sie doch nicht den Verschleißvorgang restlos klären; denn es tritt auch Verschleiß beim Gleiten ungleicher Stoffe auf, die nicht miteinander verschweißen können. Für diese Erklärung spricht jedoch, daß sich geringerer Verschleiß zeigt, wenn die Schweißbarkeit herabgesetzt wird. Das kann praktisch durch eines der oben beschriebenen Oberflächenbehandlungsverfahren erfolgen (z.B. Nitrieren), von denen einige, wie das Elektropolieren und das Hartverchromen, auch die Reibung zwischen Werkzeug und Schmiedegut herabsetzen (7).

3.3 Beschränkte Gesenkhaltbarkeit infolge Rißbildung

Es sollen insbesondere die feinen Anrisse betrachtet werden, die sich im Laufe des Schmiedens zeigen und die meist nicht zum Gesenkbruch führen, aber doch Angriffspunkt verstärkten Verschleißes sind. Zahlenmäßig an der Spitze stehen die "Vielerwärmungsrisse" (bzw. Volumenänderungsrisse). Kennzeichnend für sie ist die unregelmäßige, netzförmige Ausbildung, manchmal mit einer bevorzugten Richtung. RÄDEKER hat die Rißbildung infolge schroffen Temperaturwechsels untersucht (11) und festgestellt, daß die Anzahl der Risse schon bei den ersten Temperaturwechseln (15-25-50 je nach Werkstoff) festgelegt ist und nachher nur noch unwesentlich zunimmt. An den Rißkanten tritt infolge Werkstoffermüdung in Fließrichtung eine Furchung ein, während senkrecht zur Fließrichtung eine einseitige Aufwulstung zu beobachten ist. Zu den gleichen Ergebnissen kommt auch MICKEL (12), der die Rißbildung an Spritzgußformen untersucht hat.

Des weiteren sind hier die Ermüdungsrisse zu nennen, die infolge Dauerschwellbelastung insbesondere durch Schubspannungen entstehen. Diese Risse sowie die Vielerwärmungsrisse können nur durch Änderung der Gesenkwerkstoffeigenschaften beeinflußt werden, sei es durch Legierungszusätze (z.B. erhöht Si die Dauerwechselfestigkeit) oder durch stärkeres Anlassen, wobei aber die notwendige Druckfestigkeit nicht unterschritten werden darf.

Kerbrisse entstehen in scharfen Ecken; sie sind wegen ihrer Feinheit nur schwer zu erkennen, wegen ihrer Länge und ihres Ausdehnungsstrebens aber äußerst gefährlich. Sie führen oft zum Gesenkbruch. Auch wenn das Gesenk wegen Verschleißes nicht vorzeitig ausfällt, erschweren diese Risse das Nachsetzen der Gravur oder machen es sogar unmöglich. Durch Ausrundung der Ecken lassen sich diese Kerbrisse weitgehend vermeiden.

4. Eigene Versuche

4.1 Zielsetzung, Planung und Umfang (Veränderliche)

Die eigenen Versuche sollten Aufschluß über das Verschleißverhalten von Gesenken mit verschiedener Oberflächenbehandlung und -güte bringen. Insbesondere sollte herausgestellt werden, ob und inwieweit eine höhere Oberflächengüte die Standmenge der Gesenke entscheidend heraufzusetzen vermag. Ferner wurde der Einfluß der Umformmaschine, der Gesenkform (-schräge) und des Zunders untersucht. Die Gesenkmaßänderung als meßbarer Ausdruck des Verschleißfortschreitens wurde für Ober- und Untergesenk ermittelt.

Für die Versuche wurden zwei Schmiedestücke, ein Zapfen mit Flansch (Abb.4) und ein Radiatorenstopfen (Abb.5) nach folgendem Versuchsplan vorgesehen:

Gesenkoberfläche	Umformmaschine	
	Riemenfallhammer	Spindelschlagpresse
1. geschmirgelt	HA_6-1 —	PA_6-1 PA_{10}-1 PB-11,13,14,15,16
2. druckstrahlgeläppt	HA_6-2 HA_{10}-2	PA_6-2 PA_{10}-2 PB-21,22,23
3. nitriert	— —	— — PB-31
4. hartverchromt (als Stichversuch)	HA_6-4 —	PA_6-4 — PB-41
5. gesandstrahlt	— —	— — PB-51,52
6. geschmirgelt und zunderfrei erwärmt	HA_6-6 —	PA_6-6 — —

Gesenkbezeichnung:
A_6 Zapfengesenk, Gesenkschräge 1:6
A_{10} Zapfengesenk, Gesenkschräge 1:10
B   Gesenk für Radiatorenstopfen
H   Hammer
P   Presse

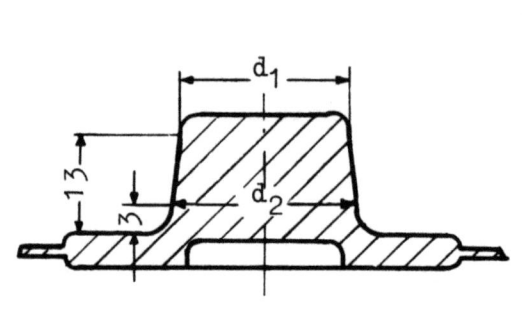

Abbildung 4
Zapfen mit Flansch

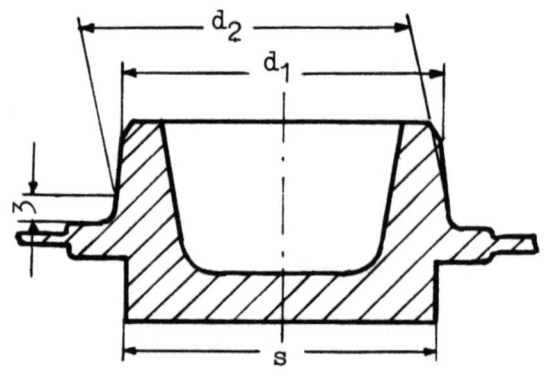

Abbildung 5
Radiatorenstopfen

Nachdem durch die erste Versuchsserie (Gesenk A) der Einfluß der Umformmaschine ermittelt war, konnte aus Gründen der Arbeits-, Zeit- und Werkstoffersparnis die zweite Versuchsserie (Gesenk B) auf die Spindelschlagpresse beschränkt werden. Um die Auswirkung einer großen Ausgangsrauheit festzustellen, wurden die Versuche mit gesandstrahlten Gesenken hinzugenommen.

Aus den Zapfengesenken (A) wurden jeweils 3000 Werkstücke geschmiedet. Die Stopfengesenke (B) wurden im allgemeinen nicht bis zur Standmenge abgeschmiedet, sondern nach Erreichen vergleichbarer, charakteristischer Verschleißerscheinungen abgestellt. Um die ohnehin schon sehr umfangreichen Versuche nicht noch zu verlängern, wurde das Nacharbeiten und Ausputzen der Gravuren beim Schmieden auf Ausnahmefälle beschränkt. Der äußere Umfang dieser Versuche mag daraus ersichtlich sein, daß für die Zapfen über 4,5 t, für die Radiatorenstopfen etwa 10 t Stahl verschmiedet werden mußten.

4.2 Versuchsdurchführung

Für alle Versuche wurde einheitlich 56 Ni Cr Mo V 7 [4] als Gesenkwerkstoff eingesetzt. Die Gesenke wurden feingedreht und auf eine Härte von etwa $H_{Rc} = 47$, entsprechend $\sigma_B = 160$ kg/mm^2 Zugfestigkeit vergütet. Daran schloß sich die jeweilige Oberflächenbehandlung an. Die Zapfen wurden aus einem Werkstoff, der etwa der Analyse von 30 Cr Mn 7 [5] entsprach, geschmiedet, während für die Radiatorenstopfen St 37 verwendet wurde.

Es wurden Blöckchen folgender Abmessung verschmiedet:

	Zapfen	Radiatorenstopfen
Durchmesser	d = 26 mm ⌀	d = 28 mm ⌀
Höhe	h = 31 mm	h = 62 mm
Einsatzgewicht	G = 130 g	G = 300 g

Die Erwärmung erfolgte induktiv [6], wobei für die Versuchsreihe "zunderfreie Erwärmung" zusätzlich noch Schutzgas [7] eingeblasen wurde. Als Schmiedetemperatur wurde für die Zapfen 1000 °C und für die Radiatorenstopfen 1050 bis 1100 °C gewählt. Die Stückfolgezeit betrug bei den Zapfen 15 Sekunden, bei den Stopfen 20 Sekunden.

Die Blöckchen für die Radiatorenstopfen wurden unter einer Kurbelpresse auf h = 32 mm und d_m = 39 mm ⌀ vorgestaucht und anschließend mit einem Schlage im Gesenk fertiggeschlagen. Ebenso wurden auch die Zapfen sowohl

---

4. Werkstoff-Nr. 2714 (nach DIN 17007): Richtanalyse: 0,55 C; 0,3 Si; 0,7 Mn; 1,0 Cr; 0,5 Mo; 1,7 Ni; 0,1 V
5. 0,32 C; 0,34 Si; 0,7 Mn; 1,1 Cr; 0,1 Ni
6. Hersteller der Anlage: AEG-Elotherm, Remscheid-Hasten
7. Entnommen einer Schutzgasanlage der Fa. J.F. Mahler, Esslingen/Württ.

unter dem Riemenfallhammer als auch unter der Spindelschlagpresse mit einem Schlage geschmiedet.

4.3 Meßverfahren

Das Verschleißfortschreiten wurde an maßgetreuen Bleiabdrücken, die nach je 250 Schmiedestücken genommen wurden, beobachtet und gemessen. Die Genauigkeit der Bleiabdrücke wurde von LANGE (9) untersucht; die auftretenden Meßfehler sind hier berücksichtigt. Als kennzeichnende Maße wurden die Durchmesser d_1 und d_2 (s. Abb. 4 und 5) der Bleiabdrücke unter einem Profilprojektor [8] bei zehnfacher Vergrößerung bestimmt, bei den Radiatorenstopfen außerdem die Schlüsselweite (s. Abb. 5). Darüber hinaus wurde unter dem gleichen Gerät der Umriß der Bleiabdrücke aufgezeichnet und so alle Einzelheiten örtlicher Verschleißzunahme ermittelt.

Die Rauhtiefe der Gesenkoberflächen wurde nur vor dem Schmieden und nach dem Abstellen des Gesenkes unmittelbar gemessen. Die Zwischenwerte wurden an Schwefelabgüssen, die nach jeweils 500 Werkstücken gemacht wurden, ermittelt. Als Meßgerät wurde der nach dem Lichtschnittverfahren von SCHMALTZ arbeitende Oberflächenprüfer von ZEISS verwendet, gelegentlich auch das Abtastgerät von FORSTER-LEITZ.

Zur weiteren Erforschung des Verschleißvorganges wurden Aufnahmen der Gesenkoberflächen, zunächst nach je 500 Schmiedestücken, später nur noch nach dem Abstellen angefertigt. An den Stopfengesenken mit besonderer Oberflächenbehandlung (z.B. Nitrierung) wurde außerdem das Verschleißbild an Hand von Mikroaufnahmen verfolgt.

Um den Einfluß der Temperatur auf den Verschleiß zu ermitteln, wurde nach je 250 Schmiedestücken die Temperatur im Ober- und Untergesenk mittels Oberflächenthermoelement [9] gemessen. Die Schmiedeguttemperatur wurde mit einem Teilstrahlungspyrometer "Pyropto" [10] überwacht. Zur Überprüfung des Gesenkwerkstoffes und zur Beobachtung des Gefüges wurde die Härte nach VICKERS bzw. ROCKWELL vor und nach dem Schmieden geprüft. Außerdem wurden in Einzelfällen Schliffbilder angefertigt, die insbesondere der Untersuchung der Rißbildung dienten.

---

8. Hersteller Henri Hauser SA., Bienne (Schweiz)
9. Hersteller Pyrowerk, Wennigsen/Hann.
10. Hersteller Hartmann & Braun, Frankfurt/Main

5. Ergebnisse

5.1 Gesenkmaßänderung

Wie erwartet, trat bei dem Durchmesser d_2 der größte Verschleiß auf. Die kennzeichnenden Erscheinungen sind hier viel früher zu sehen als beispielsweise bei d_1. Für die Gegenüberstellung der Ergebnisse wird deshalb ausschließlich die Gesenkmaßänderung

$$d_2 = d_{2_z} - d_{2_o} \quad \text{11)}$$

betrachtet.

Alle gemessenen Gesenkmaßänderungen zeigen mehr oder weniger ausgeprägt den in Abbildung 6 dargestellten Kurvenverlauf. Es lassen sich dabei 3 Bereiche unterscheiden:

I degressiver Bereich: $\quad y = x^{\frac{1}{n}}$;

II linearer Bereich: $\quad y = a \cdot x$;

III progressiver Bereich: $\quad y = x^m$.

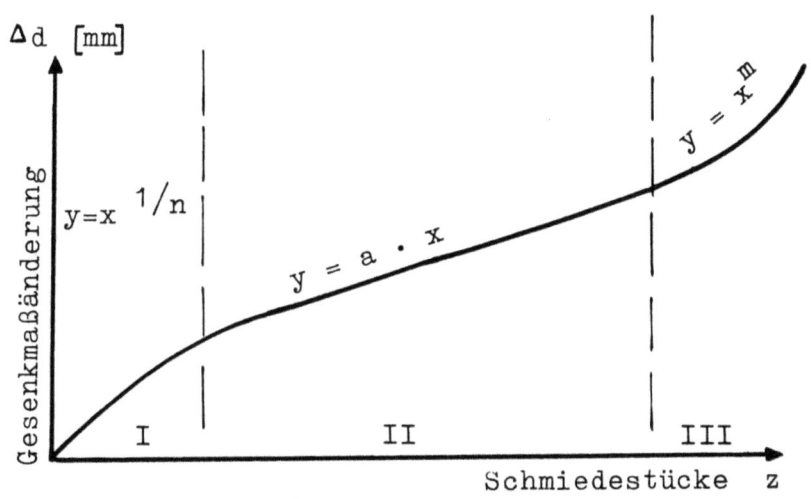

Abbildung 6

Allgemeiner Verlauf der Gesenkmaßänderung

Dieser Kurvenverlauf kann damit erklärt werden, daß bei Beginn des Schmiedens dem Verschleiß infolge der Schlageinwirkung eine kleine bleibende Verformung überlagert ist, auf die der Gesenkwerkstoff mit einer gewissen Kaltverfestigung reagiert, Bereich I (9). Nachdem dieser Vorgang zum

---

11. $d_{2_z} = d_2$ nach z Schmiedestücken; $d_{2_o} = d_2$ vor dem Schmieden

Forschungsberichte des Wirtschafts- und Verkehrsministeriums Nordrhein-Westfalen

T a b e l l e 1

Gesenkmaßänderung Δd_2, Rauhtiefe R und Härte H_{Rc} der Zapfengesenke A

Gesenkoberfläche	Anzahl der Schmiedestücke	Pressengesenke				Hammergesenke				Verhältnis $\frac{\Delta d_2 \text{Presse}}{\Delta d_2 \text{Hammer}}$	Bemerkungen
		Bezeichnung	Härte H_{Rc}	Rauhtiefe R [μ]	Δd_2 [mm]	Δd_2 [mm]	Rauhtiefe R [μ]	Härte H_{Rc}	Bezeichnung		
1a geschmirgelt, Gesenkschräge 1:6	0 1000 2000 3000	PA_6-1	46 - 49 - - 44 - 46	4 34 39 74	- 0,55 1,00 1,50	- 0,25 0,35 0,45	6 47 72 76	≈50 - - 39-45	HA_6-1	- 2,2 2,9 3,3	
1b geschmirgelt, Gesenkschräge 1:10	0 1000 2000 3000	PA_{10}-1	≈ 48 - - 41 - 44	5 40 49 40	- 0,75 1,30 1,50						
2a druckstrahlgeläppt, Gesenkschräge 1:6	0 1000 2000 3000	PA_6-2	47 - 49 - - 40 - 46	5 50 73 62	- 0,55 1,00 1,30	- 0,20 0,35 0,40	6 53 - 75	≈50 - - 44-45	HA_6-2	- 2,7 2,9 3,2	
2b druckstrahlgeläppt, Gesenkschräge 1:10	0 1000 2000 3000	PA_{10}-2	≈ 48 - - 41 - 45	5 32 45 41	- 0,65 1,10 1,65	- 0,80 1,10 1,40	6 49 86 65	≈50 - - 39-47	HA_{10}-2	- 0,8 1 1,2	
4 hartverchromt, Gesenkschräge 1:6	0 1000 2000 3000	PA_6-4	47 - 50[12) - (27)-37-40[12)	4 53 64 65	- 0,45 0,85 1,00	- 0,05[13) 0,05[13) 0,10	5 21 32 23	44-45[12) - 44-47[12)	HA_6-4	- 9 17 10	Pressengesenke: OG: s = 5μ; Hp=450 kg/mm² UG: s = 5-30μ; Hp=620 kg/mm² Hammergesenke: OG: s = 5-10μ; Hp=890 kg/mm² UG: s = 20-40μ; Hp=890 kg/mm²
6 geschmirgelt Gesenkschräge 1:6 zunderfrei verschm.	0 1000 2000 3000	PA_6-6	46 - 50 - - 45 - 47	5 65 47 56	- 0,50 0,80 1,10	- 0,05[13) 0,15[13) 0,25	4 53 72 68	39-45 - - 38-45	HA_6-6	- 10 5,3 4,4	

12. Grundwerkstoffhärte
13. Wegen der relativ großen Rauhtiefe (42 bis 106 % von Δd_2) sind diese Meßwerte zur Auswertung unbrauchbar

Abschluß gekommen ist, erfolgt in Bereich II reines Verschleißen durch Abrieb. Das progressive Ansteigen der Maßänderungskurve im Bereich III läßt schließlich erkennen, daß nunmehr der Gesenkwerkstoff Ermüdungserscheinungen zeigt, die sehr bald eine Überschreitung der Maßtoleranz zur Folge haben.

Der Erfolg der untersuchten Maßnahmen zur Verschleißbekämpfung kann also danach beurteilt werden, ob es gelang
1) den Bereich I klein zu halten,
2) die Steigung der Verschleißgeraden im Bereich II zu verkleinern,
3) Ermüdungserscheinungen möglichst weit hinauszuschieben, d.h. den Beginn von Bereich III nach höheren Stückzahlen zu verlagern.

5.11 Zapfengesenke

Die Gesenkmaßänderung der Zapfengesenke ist in Tabelle 1 zahlenmäßig zusammengestellt und in Abbildung 7 aufgetragen. Die Auswirkung der untersuchten Einflußgrößen auf die Gesenkmaßänderung und damit auf den Verschleiß ist in den Tabellen 2 bis 4 im einzelnen herausgestellt.

Danach ergibt sich beim Schmieden auf der Spindelschlagpresse gegenüber dem Riemenfallhammer etwa die dreifache Gesenkmaßänderung (Tabelle 2). Beim zunderfreien Schmieden erhöht sich das Verhältnis auf 4:1 und bei hartverchromten Gesenken sogar auf etwa 10:1 zu Ungunsten der Pressen. Das Verschleißverhältnis 3:1 von Presse zu Hammer wurde auch im Rahmen einer anderen Versuchsarbeit (13) an ebenen Stauchplatten festgestellt, wobei allerdings das Verschleißvolumen in mm^3 ermittelt wurde. Nach Abbildung 7 beträgt die Steigung der Verschleißkurve in ihrem linearen

Tabelle 2

Einfluß der Umformmaschine auf die Gesenkmaßänderung

Oberfläche	geschmirgelt	druckstrahl-geläppt	hart-verchromt	geschmirgelt zunderfrei geschmiedet
Gesenkschräge	1:6	1:6	1:10	1:6	1:6
Verhältnis Presse:Hammer	3	3	1	10	4

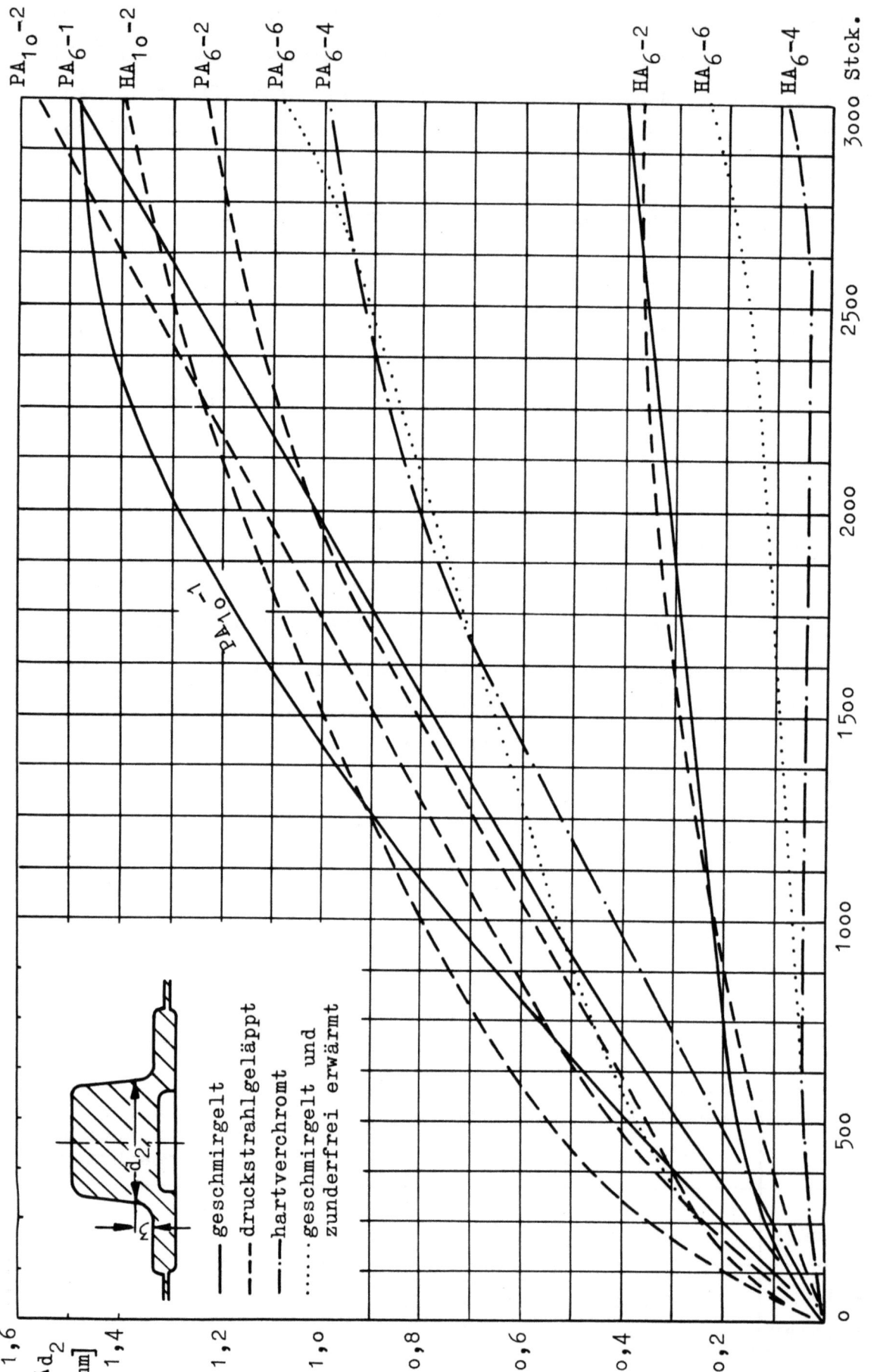

Abbildung 7
Gesenkmaßänderung Δd_2 der Zapfengesenke

Abschnitt für die Pressengesenke 0,25 bis 0,55 mm Maßzunahme je 1000 Schmiedestücke (zwischen 1000 und 2000 gemessen) und für die Hammergesenke 0 bis 0,1 mm.

Als Ursache des größeren Verschleißes beim Schmieden unter der Presse kommen vermutlich in Frage:

1) Der zeitlich etwa 8 bis 10 mal länger wirkende hohe Druck [14] (Stoßzeit 0,012 - 0,014 s beim Fallhammer; 0,1 - 0,13 s bei der Spindelschlagpresse (14)),

2) die niedrigere Gleitgeschwindigkeit zwischen Schmiedegut und Gesenkwand infolge kleinerer Stößelgeschwindigkeit (Presse etwa 0,35 m/s).

Damit scheint sich das oben angeführte Ergebnis von RÄDEKER (10) zu bestätigen, daß bei kleinerer Gleitgeschwindigkeit der Verschleiß wesentlich größer ist. Andererseits zeigen aber die Versuchsgesenke, daß der größte Verschleiß an der Gratbahn, also an der Stelle der größten Gleitgeschwindigkeit auftritt; der Bereich verschleißmäßig günstiger Gleitgeschwindigkeiten scheint hier schon wieder überschritten zu sein. Es wird daher vermutet, daß zwischen Verschleiß und Gleitgeschwindigkeit der in Abbildung 8 angedeutete Zusammenhang besteht; ob dieser den Tatsachen entspricht, wäre noch durch eingehende zukünftige Versuche zu klären.

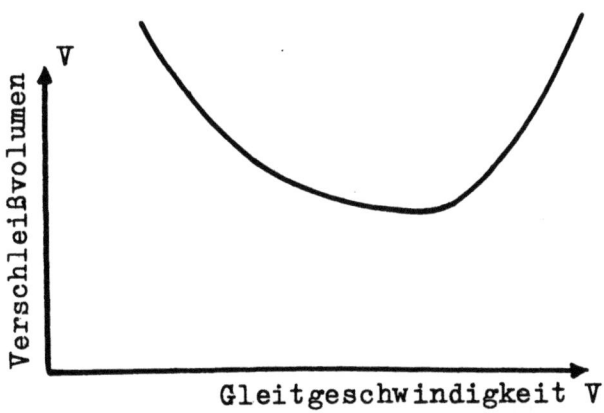

A b b i l d u n g 8

Vermuteter Zusammenhang zwischen Verschleiß und Gleitgeschwindigkeit

---

14. Genaue Meßwerte liegen hierüber nicht vor. Die Drücke lassen sich jedoch durch Überschlagsrechnung zwischen 50 und 150 kg/mm^2 ermitteln. Diese Zahlen gelten, sobald sich der Grat ausgebildet hat

Der verschleißhemmende Einfluß der größeren Gesenkschräge ist aus Tabelle 3 zu ersehen.

<u>T a b e l l e   3</u>

Einfluß der Gesenkform (-schräge) auf die Maßänderung
(Oberfläche druckstrahlgeläppt)

Umformmaschine	Presse	Hammer
Verhältnis $\dfrac{\text{Schräge 1:1o}}{\text{Schräge 1:6}}$	~ 1,2	~ 3

Der Grund dieser Erscheinung liegt darin, daß bei größerer Gesenkschräge die scharfe Umlenkung des Werkstofflusses am Übergang zum Flansch gemildert wird und ein etwas größerer Durchflußquerschnitt zur Verfügung steht. Gerade beim Fallhammer mit größeren Fließgeschwindigkeiten im Gesenk ist eine kleine Gesenkschräge sehr ungünstig, wie die Lage der Kurve $HA_{1o}-2$ in Abbildung 7 zeigt, während die Gesenkschräge an der Presse keinen großen Einfluß auf die Maßänderung hat.

Daß Zunder den Verschleiß erhöht, ergab die Versuchsreihe "zunderfreies Schmieden". Nach den Meßwerten der Tabelle 1, der Gegenüberstellung in Tabelle 4 und den Kurven PA_6-1 und HA_6-1 in Abbildung 7 ist der Verschleiß bei zunderfreier Erwärmung wesentlich niedriger als bei Vorhandensein von Zunder.

<u>T a b e l l e   4</u>

Einfluß des Zunders auf die Gesenkmaßänderung
(Oberfläche geschmirgelt; Gesenkschräge 1 : 6)

Umformmaschine	Presse	Hammer
Verhältnis $\dfrac{\text{mit Zunder}}{\text{zunderfrei}}$	~ 1,3	~ 1,8

5.12 Radiatorenstopfengesenke

Zur Ergänzung und Erweiterung der Versuchsserie A (Zapfengesenke) wurde die Versuchsserie B (Radiatorenstopfengesenke) durchgeführt. Die Ergebnisse sind in Tabelle 5 zusammengestellt und in Abbildung 9 aufgetragen.

Tabelle 5

Gesenkmaßänderung Δd_2, Rauhtiefe R und Härte H_{Rc} der Radiatorenstopfengesenke B

Gesenk-oberfläche	Anzahl der Schmiede-stücke	Pressengesenke				
		Be-zeich-nung	Härte H_{Rc}	Rauh-tiefe R [μ]	Δd_2 [mm]	Bemerkung
1 geschmirgelt	0	PB-1	48-55	5-6	-	
	500				0,19	
	1000				0,34	
	2000				0,58	
2 druckstrahl-geläppt	0	PB-2	49-53		-	
	500				0,16	
	1000				0,34	
	2000				(0,60)	
3 nitriert	0	PB-3	48-50[15)]		-	Nach dem Nitrieren: H_p=640-700 kg/mm^2
	500				0,11	
	1000				0,17	
	2000				0,45	
4 hartver-chromt	0	PB-4	48-52[15)]		-	Chromschicht s=3-5 μ H_p≈750 kg/mm^2
	500				Δd_2 liegt innerhalb der Meßungenauig-keit von ±25μ	
	1000					
	2000					
5 gesandstrahlt	0	PB-5	46-53	10-15	-	
	500				0,19	
	1000				0,30	
	2000				0,56	

Beim Vergleich der Abbildungen 7 und 9 erkennt man, daß der Bereich I (vgl. Abb. 6) wesentlich kleiner geworden ist, von zwei Ausnahmen abgesehen. Der lineare Teil der Verschleißkurve beginnt also schon, nachdem

---

15. Grundwerkstoffhärte

Forschungsberichte des Wirtschafts- und Verkehrsministeriums Nordrhein-Westfalen

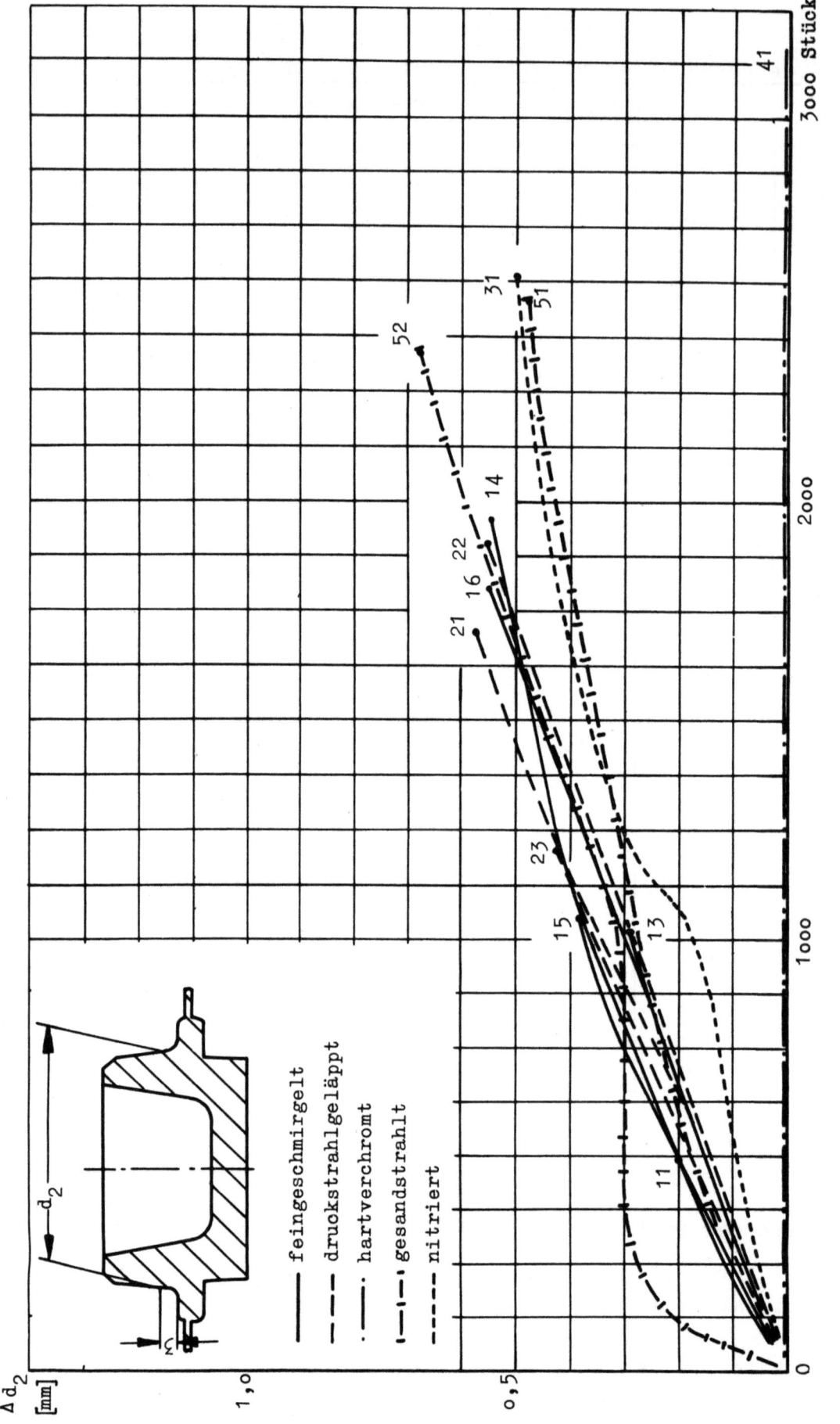

Abbildung 9

Gesenkmaßänderung Δd_2 der Radiatorenstopfengesenke

einige hundert Schmiedestücke ausgebracht sind. Auch ist die Steigung der Geraden, die zwischen 0,17 und 0,32 mm je 1000 Schmiedestücke liegt, kleiner als bei den Gesenken der Versuchsserie A. Vermutlich ist das durch die geometrische Form des Schmiedestückes bedingt.

Besonderes Augenmerk verdienen die Kurven PB-31 (nitriert) und PB-51 und 52 (gesandstrahlt). Das nitrierte Gesenk zeigt bis etwa 1000 Schmiedestücke einen wesentlich geringeren Verschleiß. Dann erfolgt ein Sprung, woran sich wieder ein nahezu linearer Kurvenverlauf anschließt mit fast gleicher Steigung wie im ersten linearen Bereich (0,15 mm je 1000 Schmiedestücke). Den Grund hierfür finden wir in Abbildung 10 a und b.

a) Ansicht

b) Schnitt

Abbildung 10

Bleiabdrücke des nitrierten Stopfengesenkes PB-31

Letzteres zeigt deutlich das Wandern der Verschleißgrenze am inneren Zapfen. Die dünne nitrierte Schicht mit guter Verschleißfestigkeit ist in Höhe des Durchmessers d_2 nach etwa 1000 Schmiedestücken abgetragen. Dann erfolgt der Verschleiß des nicht aufgestickten Grundwerkstoffes, der in bekannter Weise verläuft. Die Nitrierschicht hat sich also, solange sie vorhanden ist, durchaus als verschleißhemmend erwiesen.

Der Einfluß des Sandstrahlens (Kurven PB-51 und PB-52) ist keineswegs so negativ, wie man hätte vermuten können. Der Bereich I (vgl. Abb. 6) ist zwar größer als bei den glatten Oberflächen. Dafür ist aber die Steigung

Profilausschnitte

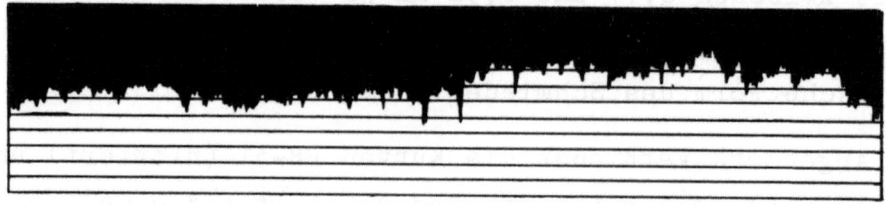

a) geschmirgelt

b) druckstrahlgeläppt

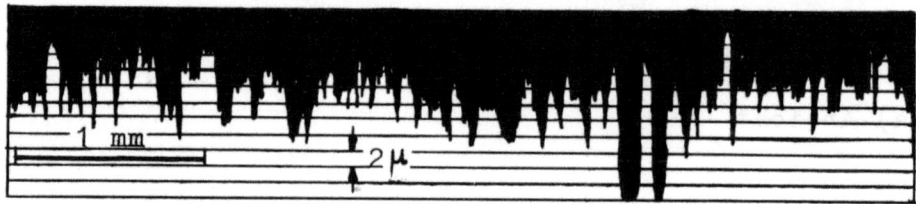

c) gesandstrahlt

Flächenausschnitte (V = 75:1)

a) geschmirgelt   b) druckstrahlgeläppt   c) gesandstrahlt

A b b i l d u n g 11 a-c
Aufnahme der Oberflächen

im linearen Bereich mit 0,16 mm je 1000 Schmiedestücke kleiner. Auch diese Erscheinung fügt sich in das Bild, das oben über den Verlauf der Gesenkmaßänderung entworfen wurde. Der Traganteil der gesandstrahlten Oberfläche (Abb 11c) ist wegen der großen Rauhtiefe (10 - 15µ) anfangs klein. Vermutlich tritt durch den Druck des Schmiedegutes auf die Gravuroberfläche eine relativ große Verformung ein, die eine Glättung bewirkt, d.h. den Traganteil vergrößert und damit eine verschleißfestere Oberfläche schafft.

Eine zusammenfassende Übersicht über das Verschleißverhalten der untersuchten Oberflächen gibt Tabelle 6.

Tabelle 6

Verschleißverhalten (Gesenkmaßänderung) der untersuchten Oberflächen, bezogen auf die geschmirgelte Oberfläche

Oberfläche	Gesenk A		Gesenk B
	Presse	Hammer	Presse
1. geschmirgelt	1	1	1
2. druckstrahlgeläppt	0,8 - 0,9	0,8 - 0,9	~1
3. nitriert	-	-	nach 1000 St.: 0,55 nach 2000 St.: 0,75
4. hartverchromt	(~0,7)[16]	~0,25	(~0,1) [17]
5. gesandstrahlt	-	-	~1
6. geschmirgelt - zunderfrei verschmiedet	~0,75	~0,55	-

Als Vergleichsgrundlage ist die geschmirgelte Oberfläche gewählt. Während danach der Verschleiß beim Druckstrahlläppen nur um 10 bis 20 % geringer ist, zeigt das Nitrieren einen etwas besseren Erfolg; dieser wäre noch größer, wenn es gelänge, eine wesentlich dickere nitrierte Schicht zu schaffen. Der geringere Verschleiß infolge zunderfreien Schmiedens verdient besonders hervorgehoben zu werden. Die hartverchromte Oberfläche,

---

16. Meßwert unsicher, da die Chromschicht abblätterte
17. Meßwert unsicher, da die Maßänderung kleiner als die Meßungenauigkeit war

Forschungsberichte des Wirtschafts- und Verkehrsministeriums Nordrhein-Westfalen

die absolut das beste Ergebnis gebracht hat, blätterte teilweise ab. Für die Erforschung des Verhaltens von Hartchromschichten müssen im übrigen wesentlich genauere Meßmethoden und umfangreichere Untersuchungen angesetzt werden.

Die Frage, ob der größere Verschleiß im Ober- oder Untergesenk auftritt, läßt sich auf Grund der vorliegenden Ergebnisse nicht eindeutig beantworten. Wahrscheinlich hängt dies größtenteils von der Form des Schmiedestückes und der Gesenkteilung ab. Bei ebenen Stauchplatten wurde stets ein stärkeres Verschleißen des Untergesenkes festgestellt (Tabelle 7 nach (13)).

T a b e l l e   7

Verschleiß im Ober- und Untergesenk bei ebenen Stauchplatten (nach (14))

Umformmaschine	Presse	Hammer
Verhältnis $\frac{\text{Untergesenk}}{\text{Obergesenk}}$	~1,3	~1,7

Überblickt man die bisherigen Ergebnisse, so fällt auf, daß alle untersuchten Einflüsse beim Schmieden mit dem Fallhammer stärker in Erscheinung treten als bei der Presse (vgl. Tabelle 1, Abb. 7, Tabelle 3 und 4).

5.2 Oberflächenbild und Rißbildung

Zur Beurteilung des Verschleißes genügt seine zahlenmäßige Angabe allein nicht. Dazu ist das Oberflächenbild gleichfalls notwendig, wie es auch der oben genannte Normblattentwurf DIN 50 321 vorsieht. Die Abbildungen 12 und 13 zeigen das geschmirgelte und das druckstrahlgeläppte Gesenkpaar vor dem Schmieden. Deutlich ist der matte Glanz der druckstrahlgeläppten Oberfläche zu erkennen. Ein abgeschmiedetes Gesenkpaar jeder Versuchsreihe ist in den Abbildungen 14 bis 18 wiedergegeben. Beachtlich ist bei den geschmirgelten Gesenken (Abb. 14) der erhebliche Verschleiß am Grat im Ober- und Untergesenk. Im Obergesenk ist der Zapfen stark abgetragen und am äußeren Umfang sind zahlreiche größere Anrisse sichtbar. Im Untergesenk ist die Kante der sechseckigen Aussparung schon sichtbar abgerundet. Das druckstrahlgeläppte Gesenk zeigt im wesentlichen das gleiche Aussehen (Abb. 15). Der Verschleiß, insbesondere im Untergesenk,

Forschungsberichte des Wirtschafts- und Verkehrsministeriums Nordrhein-Westfalen

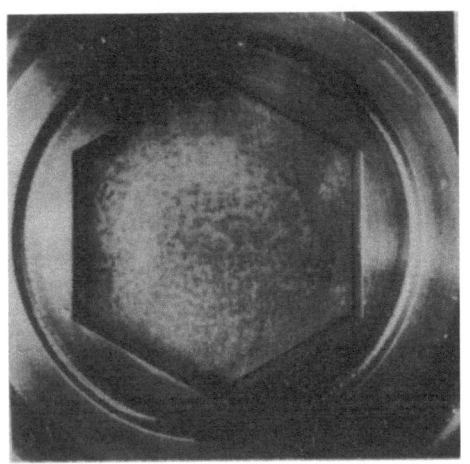 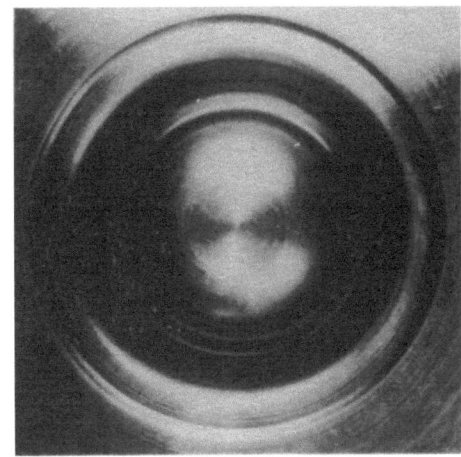

Abbildung 12
Geschmirgeltes Gesenkpaar vor dem Schmieden (PB-13)

 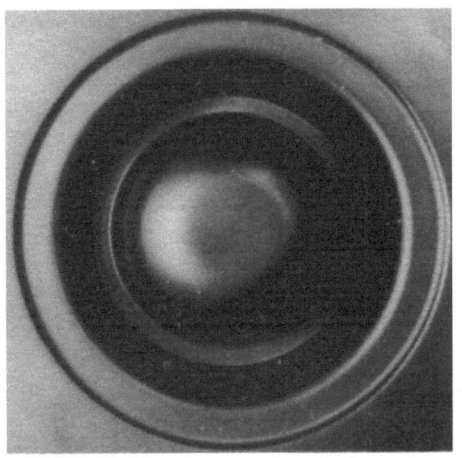

Abbildung 13
Druckstrahlgeläpptes Gesenkpaar vor dem Schmieden (PB-21)

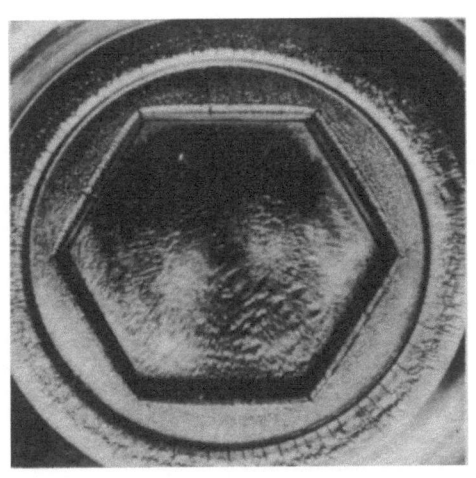 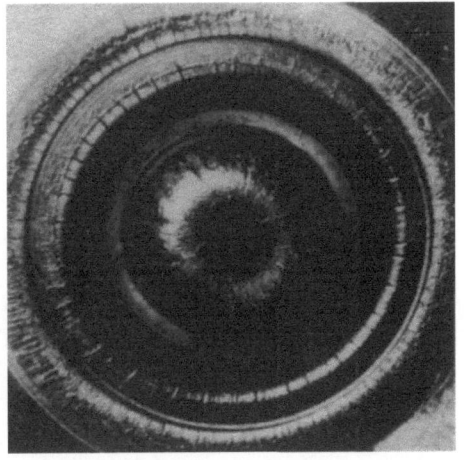

Abbildung 14
Geschmirgeltes Gesenkpaar (PB-12) nach 2o35 Schmiedestücken

Seite 33

Forschungsberichte des Wirtschafts- und Verkehrsministeriums Nordrhein-Westfalen

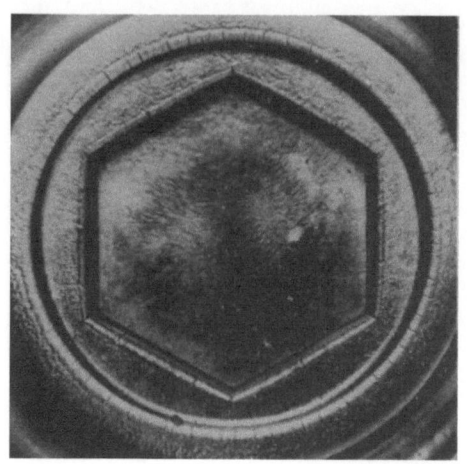 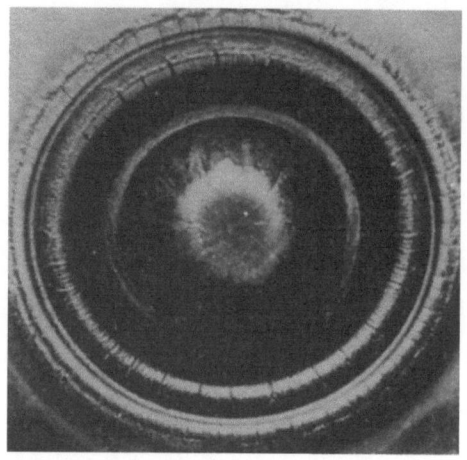

A b b i l d u n g 15
Druckstrahlgeläpptes Gesenkpaar (PB-21) nach 17oo Schmiedestücken

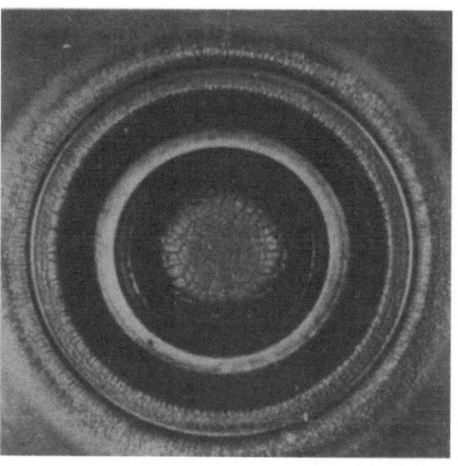

A b b i l d u n g 16
Nitriertes Obergesenk nach 25oo Schmiedestücken (PB-31)

 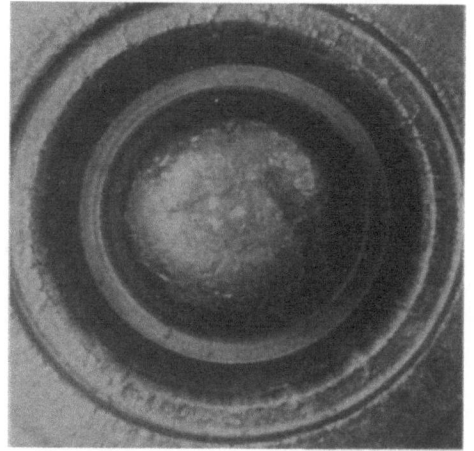

A b b i l d u n g 17
Hartverchromtes Gesenkpaar (PB-41) nach 325o Schmiedestücken

Forschungsberichte des Wirtschafts- und Verkehrsministeriums Nordrhein-Westfalen

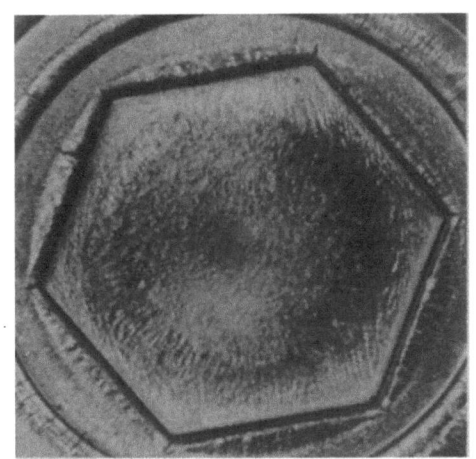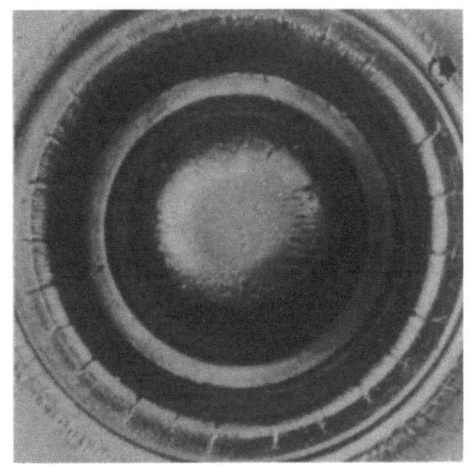

Abbildung 18

Gesandstrahltes Gesenkpaar (PB-52) nach 2ooo Schmiedestücken

ist etwas geringer. Im Obergesenk ist der Zapfen ebenfalls stark abgetragen, wogegen die Zahl der Anrisse kleiner ist.

Während das nitrierte Untergesenk keine Besonderheiten erkennen läßt, zeigt das dazugehörige Obergesenk (Abb. 16) ein abweichendes Bild. Am Umfang wie auch am Grat sind keine Anrisse, sondern nur die bekannten Gleitriefen zu sehen. Der Zapfen dagegen ist mit einem sonst bei den Versuchen nicht beobachteten grobmaschigen Rißnetzwerk überzogen, das in Abbildung 19 nochmals vergrößert zu sehen ist. Der ganzen Erscheinung nach scheint es sich um Vielerwärmungsrisse zu handeln. Charakteristisch für diese Art Risse ist, daß sie zwar breit aber nicht sehr tief sind (Abb. 2o), weil sie nach Spannungsausgleich infolge des Anrisses nicht weiterlaufen. Die Rißkanten zeigen bei weiterer Verschleißbeanspruchung wegen Werkstoffermüdung dann allmählich die oben beschriebene Furchung (Abb. 21).

Das hartverchromte Gesenkpaar (Abb. 17) läßt auch die Anrisse am Umfang erkennen. Die Zapfenform ist bemerkenswert gut erhalten. Am Umfang und besonders am Zapfen ist Zunderansatz zu sehen, während die Chromschicht nur noch im Grund sichtbar ist. Bei der Beurteilung ist zu beachten, daß etwa 6o % mehr Stücke ausgebracht wurden als bei den anderen Gesenken.

Das Bild des verschlissenen gesandstrahlten Gesenkes (Abb. 18) stimmt im wesentlichen mit dem des geschmirgelten überein.

Unterzieht man nun das Erscheinungsbild einer abgeschmiedeten Gesenkoberfläche einer genauen Betrachtung, so lassen sich, entsprechend

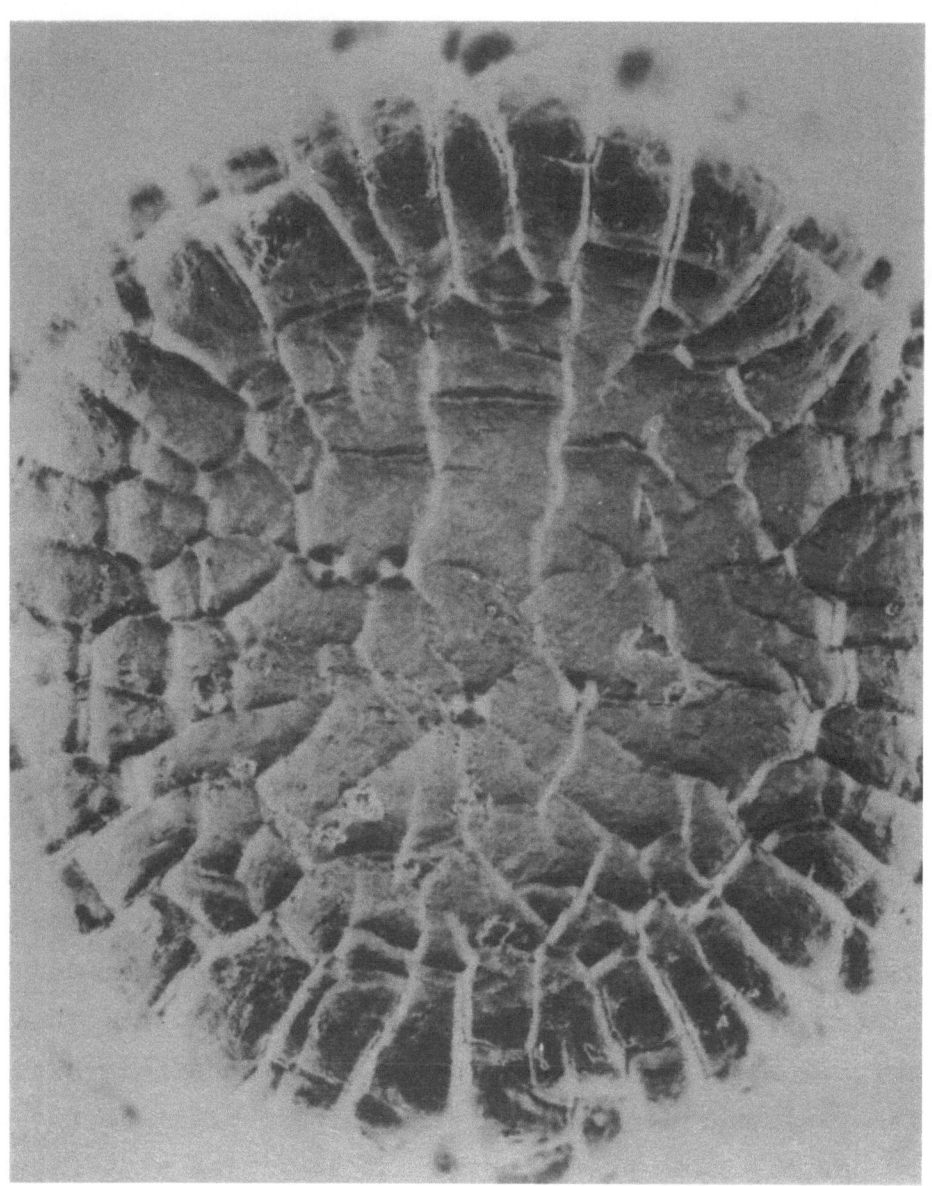

A b b i l d u n g 19
Zapfenoberfläche des nitrierten Obergesenkes (PB-31) V = 8:1

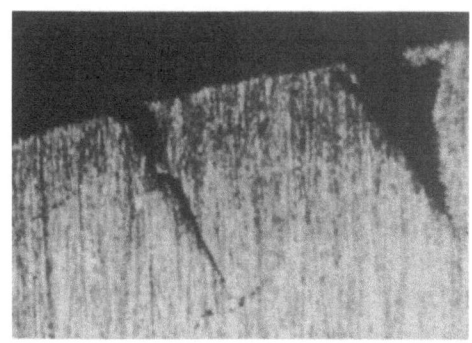

A b b i l d u n g 2o
Schnitt durch den Zapfen des
Obergesenkes (PB-31) V = 25:1

A b b i l d u n g 21
Rißbildung und Furchung der Zapfenoberfläche, V=25:1 (Ausschnitt aus Abb. 19)

den Beanspruchungsverhältnissen, deutlich drei Zonen unterscheiden (15):

1) Die <u>Druckzone</u>, in der nur reiner Druck herrscht und der Schmiedewerkstoff infolgedessen nicht an der Gesenkoberfläche gleitet. Man erkennt die Druckzone an der feingenarbten Oberfläche (Abb. 22a und b);

2) die <u>Schubdruckzone</u>, zwischen der Druck- und der Gleitreibungszone gelegen, mit Druck- und Schubbeanspruchung. Hier herrscht Haftreibung und entsprechend bildet sich die Oberfläche aus; schuppenförmige Furchen, die häufig einer Krokodilhaut ähnlich sehen (Abb. 24a und b), verlaufen senkrecht zu den Riefen der Gleitreibungszone;

3) die <u>Gleitreibungszone</u>; hier findet infolge großer Kräfte parallel zur Gesenkwand ein schnelles Gleiten statt. Kennzeichnend für die Gleitreibungszone sind die in Gleitrichtung verlaufenden Verschleißriefen (Abb. 23a und b).

   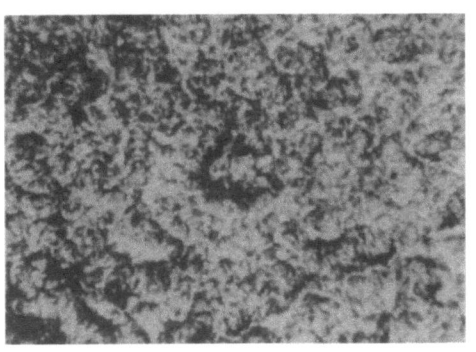

a) Fallhammergesenk   b) Pressengesenk

A b b i l d u n g 22
Druckzone (V = 25 : 1)

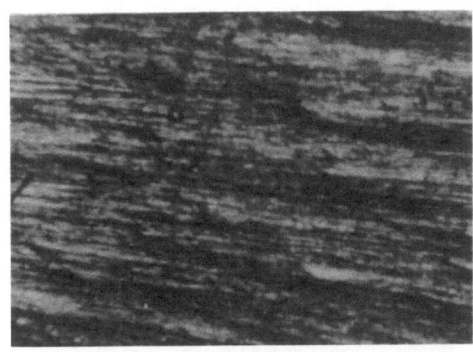   

a) Fallhammergesenk   b) Pressengesenk

A b b i l d u n g 23
Gleitreibungszone (V = 25 : 1)

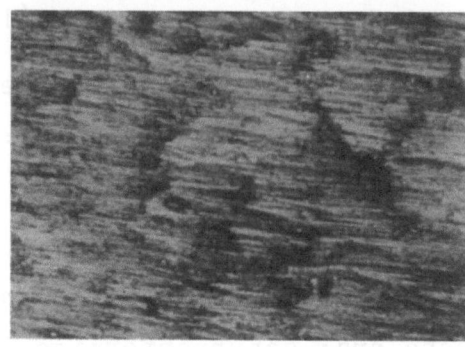 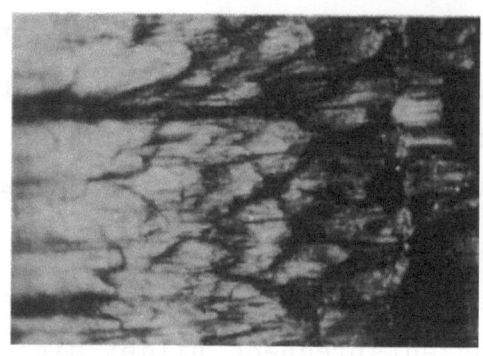

a) Fallhammergesenk   b) Pressengesenk

A b b i l d u n g 24
Schubdruckzone (V = 25:1)

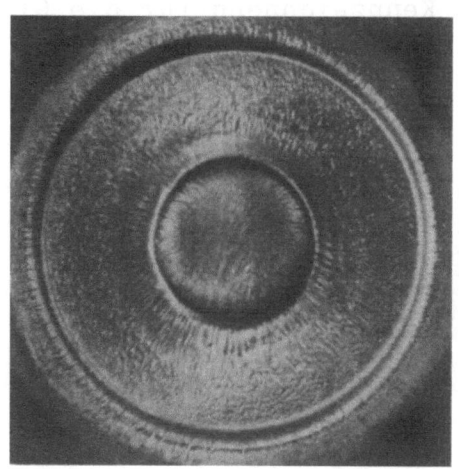 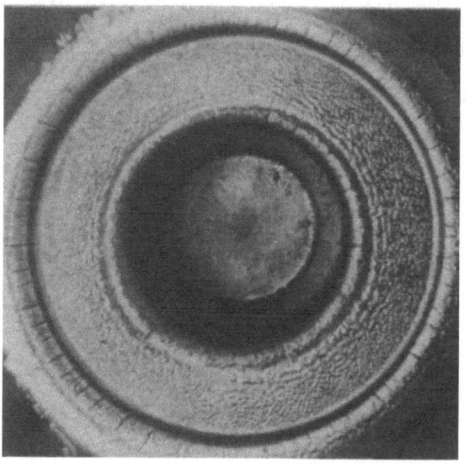

A b b i l d u n g 25
Geschmirgeltes Pressengesenkpaar (PA_6-1) nach 2000 Schmiedestücken

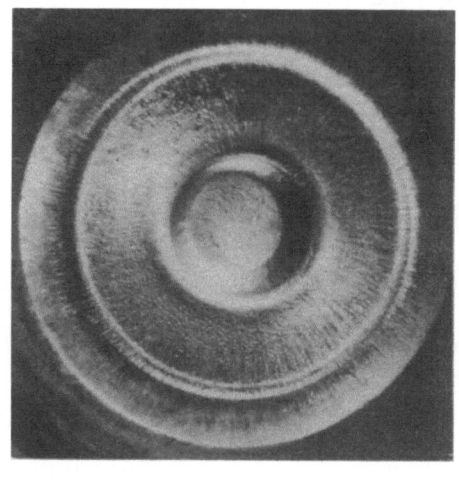 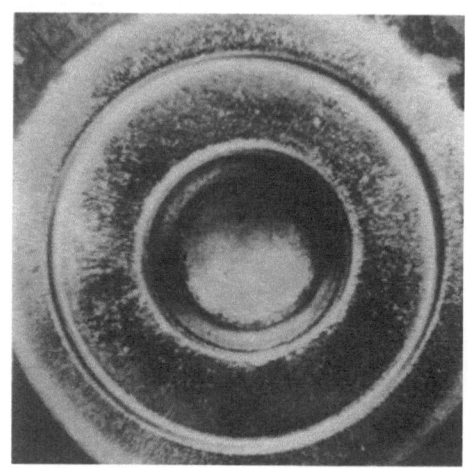

A b b i l d u n g 26
Geschmirgeltes Hammergesenkpaar (HA_6-1) nach 2000 Schmiedestücken

Vergleicht man die Oberflächenaufnahmen der Hammer- und Pressengesenke (Abb. 25 und 26), so fällt das unterschiedliche Aussehen auf. Bei den Hammergesenken ist die Gleitreibungszone wesentlich größer, während bei den Pressengesenken die Schubdruckzone stark überwiegt. Es ist zu vermuten, daß die unterschiedliche Ausbildung der Schubdruck- und Gleitreibungszone in ein- und derselben Gesenkform ihre Ursache in der verschiedenen örtlichen Gleitgeschwindigkeits- und Druckspannungsverteilung im Gesenk hat. Diese rührt von den unterschiedlichen Werkzeuggeschwindigkeiten bei Hammer und Spindelpresse her, wobei auch der Einfluß des geschwindigkeitsabhängigen Formänderungswiderstandes (14) eine Rolle spielen dürfte. Die genannten Vorgänge müssen zunächst genau untersucht werden; danach werden sich auch wertvolle Rückschlüsse auf den Verschleißvorgang ziehen lassen. Dies wurde bereits in Abschnitt 3.2 (Verschleiß) besonders betont.

Beim Pressengesenk (Abb. 25) sind im Gegensatz zum Hammergesenk (Abb. 26) an den erhabenen Kanten zahlreiche Anrisse zu erkennen, die eindeutig als Vielerwärmungsrisse anzusprechen sind. Offenbar kommt hier schon der Einfluß der acht- bis zehnmal so langen "Umformzeit" [18] bei der Presse im Gegensatz zum Hammer zum Tragen. Entsprechend länger ist auch die Zeit, in der die Wärme auf die Gravur, insbesondere erhabene Kanten, einwirken kann.

Das Oberflächenbild in Gebrauch befindlicher bzw. abgenutzter Schmiedegesenke zeigt somit auch Veränderungen, die nicht auf Verschleiß beruhen, wie die bereits erwähnten Vielerwärmungsrisse; ferner sind die an erhabenen Kanten nach längerem Schmieden auftretenden Ermüdungsrisse, sowie die von scharfen Kanten und Ecken ausgehenden Kerbrisse zu nennen. Diese Anrisse können durchaus unabhängig vom _stetig_ zunehmenden Verschleiß durch Ausbrechen der Kanten ein _plötzliches_ Erliegen des Gesenkes zur Folge haben.

5.3 Rauheit

Bei der Versuchsserie A wurde auch die Rauheit der Gesenkoberflächen untersucht. Die Meßwerte der Rauhtiefe streuten jedoch derart, daß es unmöglich ist, Mittelwerte zu bilden. Deshalb kann nur die beobachtete Tendenz ohne Zahlenangaben wiedergegeben werden.

---

18. Umformzeit – Zeit, in der das Schmiedegut von allen Werkzeugteilen umschlossen wird und unter Druck steht

Es ergibt sich für glatte Oberflächen der in Abbildung 27 dargestellte Bereich. Nach einer sofort nach Beginn des Schmiedens einsetzenden Zunahme der Rauhtiefe kann der weitere Verlauf schwach ansteigend, gleichbleibend oder sogar abfallend sein. Auch ein wechselndes Ansteigen und Abfallen wurde beobachtet, eine Erscheinung, die durchaus für die im Abschnitt 3.2 angeführte Erklärung des Verschleißvorganges spricht.

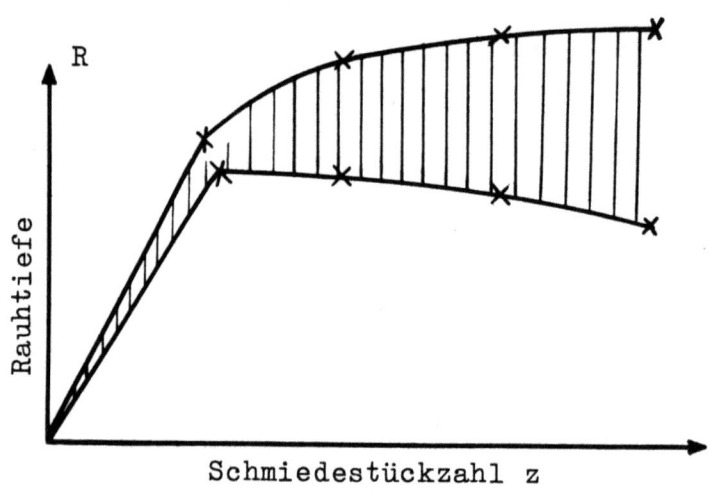

A b b i l d u n g 27

Rauheitsverhalten der Zapfengesenke A

5.4 Temperaturen

Die Schmiedetemperatur konnte durch die induktive Wärmeanlage konstant gehalten werden, so daß die Blöckchen beim Einlegen ins Gesenk etwa 1o5o °C warm waren. Die Gesenke waren nicht vorgewärmt. Die während des Schmiedens erreichten Oberflächentemperaturen sind in Tabelle 8 zusammengestellt:

T a b e l l e 8

Beim Schmieden erreichte Gesenktemperaturen

Umformmaschine	Gesenk A		Gesenk B
	Presse	Fallhammer	Presse
Obergesenk	55-1oo°C	35-65 (-85)°C	125-165 (-17o)°C
Untergesenk	6o-1o5°C	4o-65 (-85)°C	14o-17o (-18o)°C
(gemessen etwa eine Minute nach dem Schmieden mit Oberflächenthermoelement. Klammerwerte: Höchsttemperaturen nach einigen Stunden ununterbrochenen Schmiedens)			

Mit den vorhandenen Mitteln war es jedoch nicht möglich, die Temperatur in der Gravur im Augenblick des Schlages zu ermitteln, die mit Sicherheit wesentlich höher liegt und Ursache der Vielerwärmungsrisse ist. Hier zeichnet sich bereits eine andere notwendige Untersuchungsaufgabe ab, die nur noch mit physikalischen Meßverfahren gelöst werden kann.

5.5 Gesenkhärte

Die Härte des Gesenkwerkstoffes betrug nach dem Vergüten im Mittel 48-50 Rockwell-C-Einheiten. Nur das Nitrieren und Hartverchromen ergab eine höhere Härte in einer dünnen Oberflächenschicht, die nur mittels Kleinhärteprüfer [19] richtig zu messen war. Durch Nitrieren wurde $H_p = 640 - 700$ kg/mm^2 und durch Hartverchromen $H_p = 750$ kg/mm^2 erreicht.

Infolge der Wärmezufuhr während des Schmiedens tritt insbesondere in der Grenzschicht eine Anlaßwirkung ein. Ein Härteabfall ist die Folge, der im Mittel etwa 5 - 7 Rockwell-C-Einheiten betrug. Diese Beobachtung deckt sich mit den Ergebnissen der Arbeit von LANGE (9), aus der Abbildung 28 entnommen ist (s. Seite 42).

Der hier dargestellte Härteabfall ist wegen der hohen, örtlich aufgetretenen Temperatur (rotwarm, etwa 600 °C) größer als bei den eigenen Versuchsgesenken. Bemerkenswert ist besonders der Härteverlauf in der schraffierten Grenzschicht. Dem Härteabfall ist ein Anstieg der Härte und damit der Festigkeit überlagert; dies ist die in Abschnitt 4.1 erwähnte "Kaltverfestigung". Es ist kennzeichnend, daß diese Erscheinung nur dort auftritt, wo entsprechend hoher Druck herrscht, also in der Druck- und Schubdruckzone.

5.6 Ergebnisse ergänzender Versuche in einer Gesenkschmiede

Die bisher beschriebenen, im Versuchsfeld der FGS durchgeführten Versuche wurden durch eine in der Praxis ausgeführte Versuchsreihe mit Gelenkwellengesenken ergänzt. Insgesamt wurden 60 Gesenke untersucht, von denen 49 nach dem Fräsen, Gravieren und Vergüten von Hand poliert waren, während 11 druckstrahlgeläppt wurden. Die Gesenke bestanden aus 44 Cr 6, verschmiedet wurde 16 Mn Cr 5. Durch das Druckstrahlläppen wurde eine Rauhtiefe von 2 - 10 μ erzielt. Als Läppmittel diente Si C mit Korngröße 18 μ. Das Verhältnis Läppmittel zu Flüssigkeit betrug 14 Vol-%. Der mittlere Arbeitsdruck lag bei 6,8 atü. Die Bearbeitung erfolgte von Hand unter Verwendung

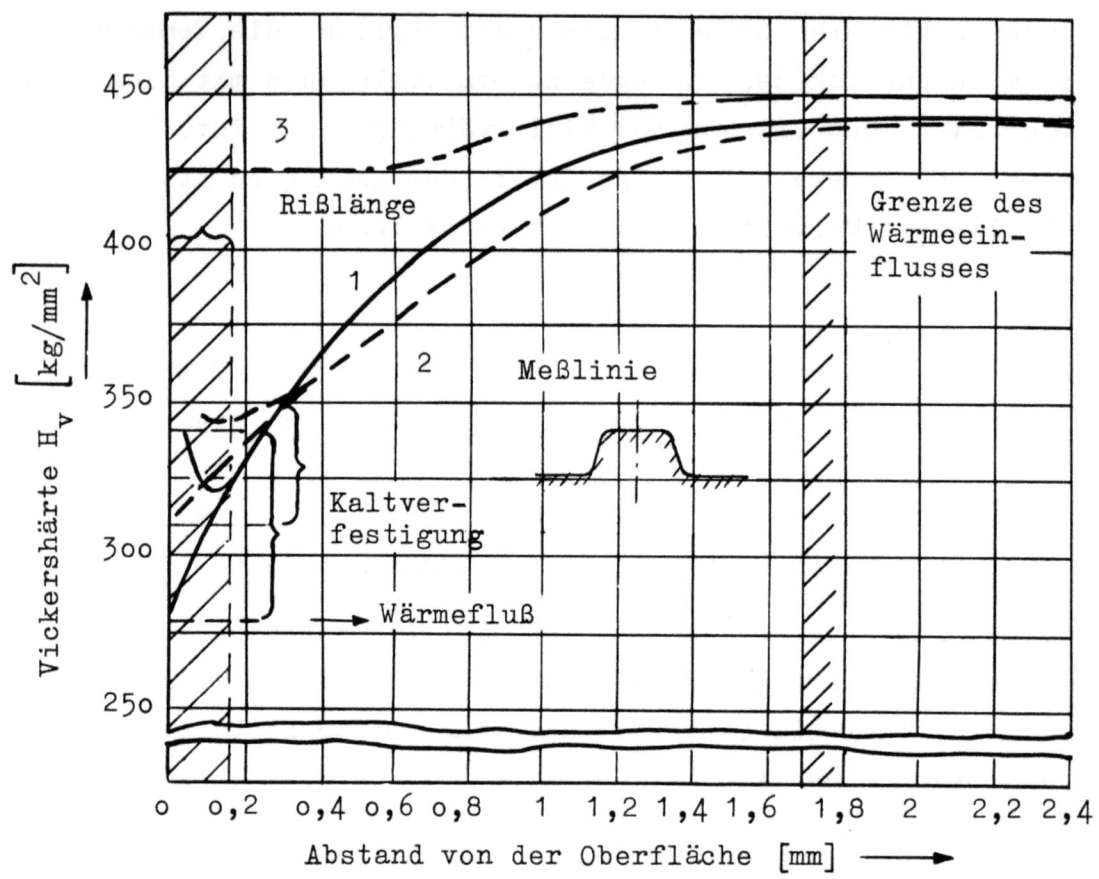

Abbildung 28

Härteverlauf an einem mehrfach rotwarm gewordenen Gratsteg
(aus LANGE (9)) (1-Druckzone; 2-Schubdruckzone; 3-Gleitreibungszone)

einer Messingdüse mit dem Durchmesser 5 mm, wobei zwischen Düse und Werkstück ein Abstand von 50 mm eingehalten wurde. Der Härtezunder löste sich sofort.

Das Schmieden erfolgte in Waagerecht-Stauchmaschinen mit einer Stauchkraft von 400 t bei einer Temperatur von etwa 1200 °C. Die Ergebnisse sind in Abbildung 29 wiedergegeben. Es ist hierbei die Häufigkeitsverteilung der in den einzelnen Gesenken erzielten Standmengen dargestellt. Die mittlere Standmenge der von Hand polierten Gesenke liegt bei 2200 Schmiedestücken, während in den druckstrahlgeläppten Gesenken im Mittel 4000 Schmiedestücke erzielt wurden.

Außerdem wurden 6 Gesenkpaare doppelseitig graviert, wobei die eine Gravur jeweils handpoliert, die andere druckstrahlgeläppt wurde. Auf diese Weise sollten alle von unterschiedlichem Gesenkwerkstoff herrührenden Einflüsse ausgeschaltet werden. Auch hier zeigte sich die gleiche

Forschungsberichte des Wirtschafts- und Verkehrsministeriums Nordrhein-Westfalen

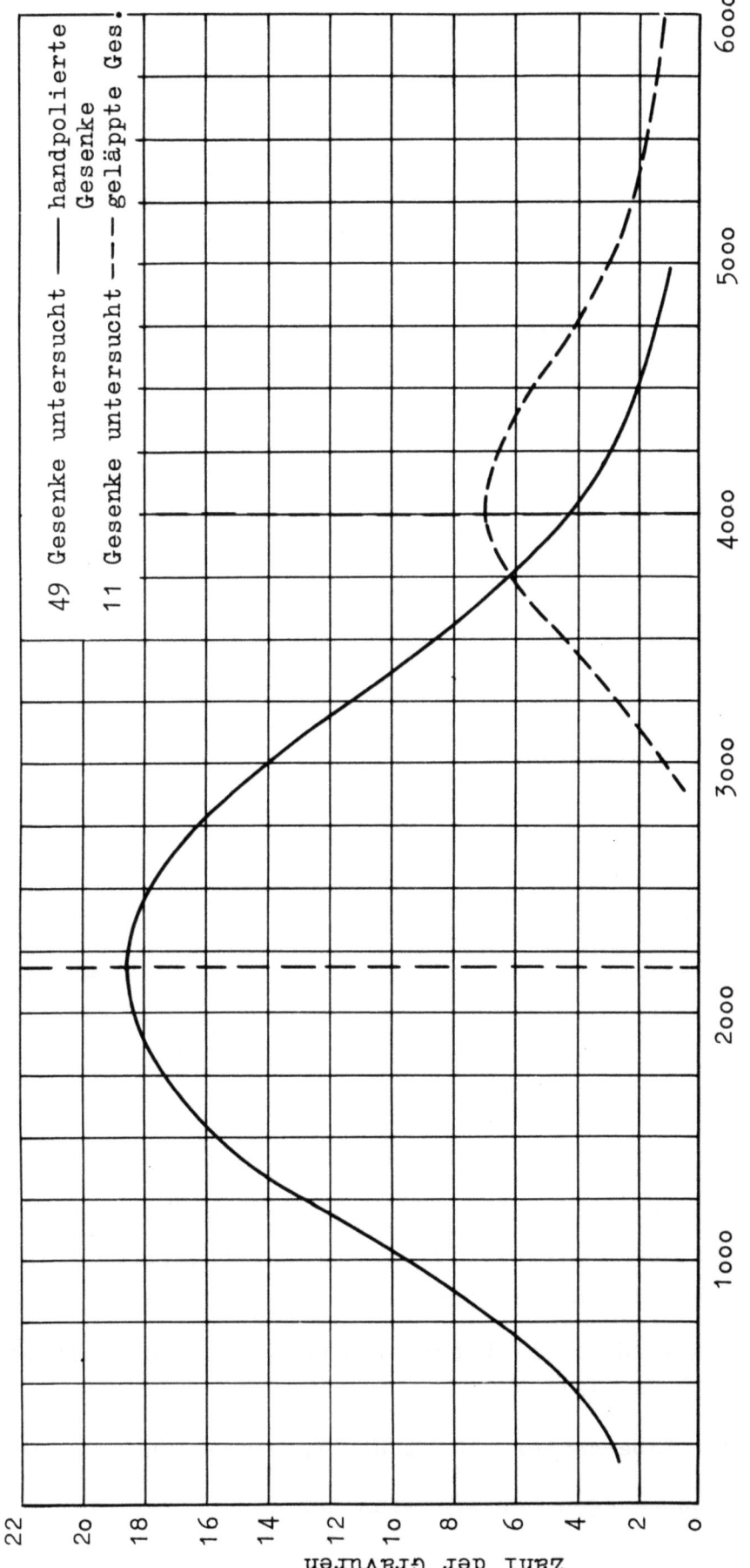

Abbildung 29

Standmengen von handpolierten bzw. druckstrahlgeläppten Gelenkwellengesenken

Steigerung der Standmenge um 80 bis 100 %; in den handpolierten Gesenken wurden 2000 bis 4000 Schmiedestücke erzielt, in den druckstrahlgeläppten dagegen 4000 bis 6000. Worauf diese wesentlich gesteigerte Ausbringung gegenüber den oben beschriebenen Versuchsserien im einzelnen beruht, konnte nicht geklärt werden. Es ist möglich, daß sich bei der Waagerecht-Stauchmaschine die Einflüsse der Gesenkoberfläche stärker bemerkbar machen. Daneben kann auch die im allgemeinen recht große Rauheit der nicht geläppten Gesenke - im Vergleich zu den Rauheiten bei den Versuchen im Versuchsfeld - einen Einfluß auf das Ergebnis haben.

Im Gegensatz zu diesen Ergebnissen wurden in einer anderen Gesenkschmiede beim Schmieden von Laschenkettengliedern unter dem Fallhammer durch Druckstrahlläppen etwa 13 % mehr maßhaltige Teile in einem Gesenk erzielt als in lediglich handpolierten Gesenken - 17 000 gegen 15 000 Stück -. Weiterhin wird aus amerikanischen Gesenkschmieden von einer um etwa 20 % höheren Standmenge als Folge des Druckstrahlens der Gravuren berichtet (16). Im ganzen gesehen dürften sich danach im allgemeinen aufgrund der Ergebnisse in Versuchsfeld und in Betrieben durch das Druckstrahlläppen der Gesenke Ausbringungssteigerungen von 10 bis 20 % erzielen lassen; in Sonderfällen sind auch noch bessere Ergebnisse zu erreichen.

6. Bedeutung für die Praxis

Ein Oberflächenbehandlungsverfahren ist nur dann für die Praxis bedeutungsvoll, wenn die damit erreichten Vorteile die notwendigen Aufwendungen überwiegen. Die Standmenge eines Schmiedegesenkes muß also wesentlich größer werden oder aber die Gesenkkosten müssen bei gleicher Ausbringung merklich fallen. Eine <u>höhere Standmenge</u> wirkt sich dabei wie folgt aus:

1) Der Anteil der Gesenkkosten je Schmiedestück ist kleiner;

2) der Anteil der Rüstzeit ist geringer, da weniger Gesenke ein- und ausgebaut werden müssen. Hierbei ist ein größerer Auftrag vorausgesetzt, zu dessen Erledigung mehrere Gesenke vonnöten sind;

3) die Umformmaschine wird zeitlich besser ausgenutzt und damit eine höhere Produktivität erzielt;

4) infolge geringerer Nebenzeiten steigt der Leistungslohn des Schmiedes.

<u>Geringere Gesenkkosten</u> dagegen beeinflussen nur den ersten der genannten Punkte.

Forschungsberichte des Wirtschafts- und Verkehrsministeriums Nordrhein-Westfalen

Nach den Versuchsergebnissen wird durch das <u>Druckstrahlläppen</u> im allgemeinen nur eine um 1o bis 2o % gesteigerte Standmenge erreicht. Diese erhält man jedoch ohne besonderen Kostenaufwand, wenn das Druckstrahlläppen zur letzten Feinbearbeitung nach dem Handpolieren oder zum Entzundern und Glätten der Gravuroberflächen nach dem Vergüten eingesetzt wird. Bei diesen Arbeitsgängen lassen sich, wie in einzelnen Betrieben ermittelt wurde, Einsparungen an Arbeitszeit von 75 bis 85 % gegenüber Handbearbeitung einschließlich aller Nebenzeiten erreichen; die Einsparung an Kosten liegt unter den gleichen Bedingungen zwischen 45 und 55 %. Die gesamten Gesenkherstellkosten lassen sich somit um einige Prozent senken; dem steht als zusätzlicher Gewinn noch die Erhöhung der Gesenklebensdauer gegenüber. Letztere läßt sich vermutlich noch steigern, wenn das Gesenk in Betriebspausen von Zeit zu Zeit nachgeläppt wird. Hierbei werden Verschleißspuren schnell und einfach geglättet, gegebenenfalls vorhandene Anrisse, die zu einem vorzeitigen Ausbau des Gesenkes führen könnten, lassen sich danach leicht erkennen. Dieser Vorteil des Läppverfahrens macht sich schon beim Nachpolieren bzw. Entzundern bemerkbar, wo mitunter feine Risse, die durch das Schmirgeln von Hand verdeckt wurden, rechtzeitig sichtbar werden.

Für die Oberflächenfeinbearbeitung von Gesenken empfiehlt sich die Verwendung von Siliziumkarbid-Schleifkorn mit Korngröße 5o, 3o und 18 μ. Diese Kornart hat eine große Spanleistung. Soll der Formwerkstoff hingegen weniger scharf angegriffen werden, so können auch Quarzmehle verschiedener Körnung gewählt werden. Die Ausgangsrauheit der zu strahlenden Flächen soll 15 bis 17 μ nicht überschreiten, da sonst keine ausreichende Glättung erzielt wird.

Die vorliegenden Ergebnisse und Erfahrungen zeigen demnach, daß das Druckstrahlläppen zur Feinbearbeitung von Schmiedegesenken wirtschaftliche und technische Vorteile bietet, die nach dem heutigen Stand ohne weiteres in jeder Gesenkschmiede erzielt werden können.

Das <u>Nitrieren</u> bedingt in jedem Fall zusätzliche Kosten, da im Gegensatz zum Druckstrahlläppen keine Einsparung an der Oberflächen-Feinbearbeitung möglich ist. Andererseits erfordert insbesondere das Badnitrieren keinen allzu hohen Aufwand an Einrichtungs- und Betriebskosten. Auch werden keine eigens ausgebildeten Fachkräfte dafür benötigt. Das Badnitrieren dürfte daher in einer gut ausgerüsteten Gesenkhärterei durchführbar sein. Der

Forschungsberichte des Wirtschafts- und Verkehrsministeriums Nordrhein-Westfalen

praktischen Durchführung des Verfahrens steht jedoch zur Zeit noch die zu geringe Dicke der nitrierten Oberflächenschicht entgegen; auch erfordert es die Verwendung von Warmarbeitsstählen mit hoher Anlaßbeständigkeit, da sonst die Festigkeit des Grundwerkstoffes durch die Behandlung im Nitrierbad bei Temperaturen über 500 °C zu stark abgebaut wird.

Das Verfahren wird jedoch weiterentwickelt und es ist immerhin möglich, daß die bei den Versuchen im Versuchsfeld der Forschungsstelle Gesenkschmieden festgestellten anfänglichen Erfolge sich auch bei größeren Stückzahlen einstellen. Da sich aufgrund des Verlaufes der ermittelten Verschleißkurve dann Erhöhungen der Standmenge um 50 bis 75 % einstellen dürften, würden sich die Kosten für das Nitrieren in vielen Fällen lohnen.

Die Hartverchromung hat sich als wirksamstes Mittel zur Verschleißminderung erwiesen, obwohl bei Vorversuchen noch einige Mängel wie Abblättern der Chromschicht, unterschiedliche Schichthärte und -dicke festgestellt wurden. Gerade deshalb erscheint es notwendig, in einer weiteren Versuchsarbeit die Bedingungen für die Abscheidung, Behandlung und das zweckmäßige Arbeiten mit Hartchromschichten großer Verschleißfestigkeit zu untersuchen. Diese Versuche müßten sich nicht nur auf flache Gravuren beschränken, sondern auch bewußt das Verhalten der Hartchromschicht in tieferen und vielfach gegliederten Formen behandeln.

Im Gegensatz zum Druckstrahlläppen und Nitrieren im Warmbad kann das Hartverchromen in der Regel nicht in der Werkzeugmacherei einer Gesenkschmiede selbst vorgenommen werden; dies ist nur in einer Hartverchromungsanstalt möglich, die von einem erfahrenen Fachmann geleitet wird. Die Kosten dürften schon aus diesem Grunde höher sein. Mit Sicherheit ist das Hartverchromen das teuerste der in diesem Rahmen betrachteten Oberflächenbehandlungsverfahren, nicht zuletzt auch deshalb, weil es zwecks Erzielung einer einwandfreien Chromschicht einer sehr gut vorbearbeiteten Oberfläche bedarf. Die erforderliche Oberflächengüte ist dabei größer als sie im allgemeinen von handpolierten Gesenken gefordert wird. Auf der anderen Seite stehen diesen erhöhten Aufwendungen jedoch erheblich gesteigerte Standmengen gegenüber, die das Hartverchromen in der Vielzahl der Fälle wirtschaftlich werden lassen.

Einen unerwartet großen Einfluß ergab das Verschmieden des in Schutzgasatmosphäre zunderfrei erwärmten Schmiedegutes. Hierbei wurde die Standmenge gegenüber den nicht in Schutzgas erwärmten Teilen bis zu 80 % erhöht.

Forschungsberichte des Wirtschafts- und Verkehrsministeriums Nordrhein-Westfalen

In beiden Fällen erfolgte die Erwärmung induktiv mit Mittelfrequenz von 4000 Hz. Die zunderfreie Erwärmung unter Schutzgas verursacht im Gegensatz zu den genannten Oberflächenbehandlungsverfahren keine einmaligen Kosten für die Behandlung, sondern nur laufende Kosten für das Schutzgas und seine Erzeugung. Für Schutzgas aus unvollkommen verbranntem Stadtgas kann als Anhaltswert hierfür etwa 0,10 DM je Nm^3 Schutzgas und Stunde angesetzt werden, wobei für Ferngas ein Preis von 0,15 DM/Nm^3 und für elektrische Energie 0,14 DM/kWh zugrunde gelegt ist. Eine kleine Wärmanlage mit etwa 100 kg Stundenleistung verbraucht bereits mehrere Nm^3 Schutzgas stündlich. Die Nebenkosten je Schmiedestück müssen dann durch die Erhöhung der Standmenge zumindest ausgeglichen werden. Ob ein wirtschaftlicher Vorteil erzielt werden kann und wie groß er ist, kann nur aufgrund einer eingehenden Kostenrechnung von Fall zu Fall entschieden werden.

7. Zusammenfassung

In der vorliegenden Arbeit wurde das Verschleißverhalten verschieden behandelter Gesenkoberflächen untersucht. Dabei wurden zunächst die für Schmiedegesenke anwendbaren Oberflächenbehandlungsverfahren besprochen. Bei der Verschleißbetrachtung wurde neben der meßbaren Gesenkmaßänderung dem Erscheinungsbild der Oberfläche, vor allem der Rißbildung besondere Aufmerksamkeit zugewandt. Weiterhin wurde der Einfluß der Umformmaschine, der Gesenkform (-schräge) und des Zunders untersucht. Daneben wurden auch die Oberflächenrauheit und der Verlauf der Gesenkhärte beobachtet. Hierbei ergab sich, daß der örtliche Temperatur-, Spannungs- und Geschwindigkeitsverlauf sowohl für den Verschleißablauf als auch für die Rißbildung von größter Bedeutung ist. Es war jedoch nicht möglich, diese wichtigen Größen meßtechnisch zufriedenstellend zu erfassen. Hierzu sind vielmehr weitere Arbeiten auf diesen Einzelgebieten erforderlich, die zum größten Teil die Anwendung physikalischer Meßverfahren bedingen. Sie werden unmittelbare Auswirkungen auf die Kenntnis des Verschleißvorganges in Schmiedegesenken haben und somit Möglichkeiten weiterer Erhöhung ihrer Lebensdauer eröffnen.

Die bisherigen Versuche haben die große verschleißmindernde Wirkung der Hartverchromung gezeigt. Weitere Arbeiten auf diesem Gebiet, die sehr erfolgversprechend sind, wurden daher in Angriff genommen. Über ihr Ergebnis wird ein besonderer Bericht erstattet werden.

Forschungsberichte des Wirtschafts- und Verkehrsministeriums Nordrhein-Westfalen

Abschließend muß noch einmal hervorgehoben werden, daß allen Maßnahmen der Verschleißbekämpfung dann eine Grenze gesetzt ist, wenn die Gesenke infolge anderer Ursachen unbrauchbar werden. Hier steht an erster Stelle die Werkstoffermüdung, die sich häufig in den von tiefer liegenden Ecken und Kanten ausgehenden Kerbrissen auswirkt. Bevor an davon betroffenen Gesenken Maßnahmen zur Verschleißminderung getroffen werden, sollten Versuche mit anderen Werkstoffen mit geringeren Ermüdungserscheinungen vorgenommen werden. Da jedoch etwa 4o % aller Gesenke durch Verschleiß unbrauchbar werden, bietet sich schon jetzt ein sehr breites Feld zur Anwendung der in dieser Arbeit behandelten Maßnahmen zur Herabsetzung des Gesenkverschleißes.

                              Prof. Dr.-Ing. Otto KIENZLE, Hannover
                              Dr.-Ing. Kurt LANGE, Hannover
                              Dipl.-Ing. Helmut MEINERT, Osterode

8. Literaturverzeichnis

(1) FINKELNBURG, H. — Druckstrahlläppen (Metalloberfläche 6 (1952), S. 138/41)

(2) DICKORÉ, G. — Der Einfluß von Kornart, Korngröße und Strahlwinkel beim Läppen durch Druckstrahlen (Werkstattstechnik und Maschinenbau 44 (1954), S. 539/42)

(3) HILLER, H. — Die Nitrierhärtung (Hausmitt. Röchlingstahl Nr. 4, Jg. 2/1951)

(4) — Das Durferrit-Weichnitrierverfahren (Druckschrift der Degussa, Abt. Durferrit-Glüh- und Härtetechnik, Franfurt/M.)

(5) AREND, H. und H.W. DETTNER — Hartchrom (Verlag W. Girardet, Essen, 1952)

(6) BENNIGHOFF, H. — Elektrolytisches Polieren (Verlag Eugen G. Leuze, Saulgau/Württ.)

(7) HEYES, J. — Elektrolytisches Polieren und Entgraten von Zahnrädern (Z.VDI 97 (1955), S. 313/5)

(8) ASSMANN, H. — Haltbarkeit von Gesenken (Schmiedetechn. Mitt. 2 (1944), Nr. 3, S. 250/65)

(9) LANGE, K. — Die Arbeitsgenauigkeit beim Gesenkschmieden unter Hämmern (Diss. Technische Hochschule Hannover, 1953)

(10) RÄDECKER, W. — Der Verschleiß bei metallischer Gleitreibung, besonders seine Beeinflussung durch die Wärme (Bericht 582 des Werkstoffausschusses VDEh; Archiv für das Eisenhüttenwesen Bd. 15 (1941/42), S. 453/66)

(11) RÄDECKER, W.   Rißbildung in niedriglegierten Stählen durch schroffen Temperaturwechsel (Bericht Nr. 902 des Werkstoffausschusses des VDEh; Stahl und Eisen 74 (1954), S. 929/43)

(12) MICKEL, E.   Beanspruchung der Spritzgußformen im Betrieb (Z. VDI 87 (1943), S. 341)

(13) MEINERT, H.   Verschleißverhalten hartverchromter Schmiedegesenke (Diplomarbeit 1954, TH Hannover)

(14)   Der Einfluß der Formänderungsgeschwindigkeit und der Schmiedetemperatur auf die Staucharbeit bei Zylindern aus Stahl und Blei (Bericht Nr. 43 aus der FGS, Hannover 1954)

(15)   Oberflächenbeschaffenheit von Gesenkschmiedestücken (Bericht Nr. 41 aus der FGS, Hannover 1954)

(16)   Freiform- und Gesenkschmieden in USA (RKW-Auslandsdienst, Heft 26)

FORSCHUNGSBERICHTE DES WIRTSCHAFTS- UND VERKEHRSMINISTERIUMS NORDRHEIN-WESTFALEN

Herausgegeben von Staatssekretär Prof. Leo Brandt

HEFT 1
Prof. Dr.-Ing. E. Flegler, Aachen
Untersuchungen oxydischer Ferromagnet-Werkstoffe
1952, 20 Seiten, DM 6,75

HEFT 2
Prof. Dr. W. Fuchs, Aachen
Untersuchungen über absatzfreie Teeröle
1952, 32 Seiten, 5 Abb., 6 Tabellen, DM 10,—

HEFT 3
Techn.-Wissenschaftl. Büro für die Bastfaserindustrie, Bielefeld
Untersuchungsarbeiten zur Verbesserung des Leinenwebstuhls
1952, 44 Seiten, 7 Abb., 3 Tabellen, DM 12,50

HEFT 4
Prof. Dr. E. A. Müller und Dipl.-Ing. H. Spitzer, Dortmund
Untersuchungen über die Hitzebelastung in Hüttebetrieben
1952, 28 Seiten, 5 Abb., 1 Tabelle, DM 9,—

HEFT 5
Dipl.-Ing. W. Fister, Aachen
Prüfstand der Turbinenuntersuchungen
1952, 40 Seiten, 30 Abb., 3 Schaltbilder, DM 1,—

HEFT 6
Prof. Dr. W. Fuchs, Aachen
Untersuchungen über die Zusammensetzung und Verwendbarkeit von Schwelteerfraktionen
1952, 36 Seiten, DM 10.50

HEFT 7
Prof. Dr. W. Fuchs, Aachen
Untersuchungen über emsländisches Petrolatum
1952, 36 Seiten, 1 Abb., 17 Tabellen, DM 10,50

HEFT 8
M. E. Meffert und H. Stratmann, Essen
Algen-Großkulturen im Sommer 1951
1953, 52 Seiten, 4 Abb., 20 Tabellen, DM 9,75

HEFT 9
Techn.-Wissenschaftl. Büro für die Bastfaserindustrie, Bielefeld
Untersuchungen über die zweckmäßige Wicklungsart von Leinengarnkreuzspulen unter Berücksichtigung der Anwendung hoher Geschwindigkeiten des Garnes
Vorversuche für Zetteln und Schären von Leinengarnen auf Hochleistungsmaschinen
1952, 48 Seiten, 7 Abb., 7 Tabellen, DM 9,25

HEFT 10
Prof. Dr. W. Vogel, Köln
„Das Streifenpaar" als neues System zur mechanischen Vergrößerung kleiner Verschiebungen und seine technischen Anwendungsmöglichkeiten
1953, 20 Seiten, 6 Abb., DM 4,50

HEFT 11
Laboratorium für Werkzeugmaschinen und Betriebslehre, Technische Hochschule Aachen
1. Untersuchungen über Metallbearbeitung im Fräsvorgang mit Hartmetallwerkzeugen und negativem Spanwinkel
2. Weiterentwicklung des Schleifverfahrens für die Herstellung von Präzisionswerkstücken unter Vermeidung hoher Temperaturen
3. Untersuchung von Oberflächenveredlungsverfahren zur Steigerung der Belastbarkeit hochbeanspruchter Bauteile
1953, 80 Seiten, 61 Abb., DM 15,75

HEFT 12
Elektrowärme-Institut, Langenberg (Rhld.)
Induktive Erwärmung mit Netzfrequenz
1952, 22 Seiten 6 Abb., DM 5,20

HEFT 13
Techn.-Wissenschaftl. Büro für die Bastfaserindustrie, Bielefeld
Das Naßspinnen von Bastfasergarnen mit chemischen Zusätzen zum Spinnbad
1953, 52 Seiten, 4 Abb., 19 Tabellen, DM 10,—

HEFT 14
Forschungsstelle für Acetylen, Dortmund
Untersuchungen über Aceton als Lösungsmittel für Acetylen
1952, 64 Seiten, 10 Abb., 26 Tabellen, DM 12,25

HEFT 15
Wäschereiforschung Krefeld
Trocknen von Wäschestoffen
1953, 48 Seiten, 14 Abb., 2 Tabellen, DM 9,—

HEFT 16
Max-Planck-Institut für Kohlenforschung, Mülheim a. d. Ruhr
Arbeiten des MPI für Kohlenforschung
1953, 104 Seiten, 9 Abb., DM 17,80

HEFT 17
Ingenieurbüro Herbert Stein, M.-Gladbach
Untersuchung der Verzugsvorgänge in den Streckwerken verschiedener Spinnereimaschinen. 1. Bericht: Vergleichende Prüfung mit verschiedenen Dickenmeßgeräten
1952, 36 Seiten, 15 Abb., DM 8,—

HEFT 18
Wäschereiforschung Krefeld
Grundlagen zur Erfassung der chemischen Schädigung beim Waschen
1953, 68 Seiten, 15 Abb., 15 Tabellen, DM 12,75

HEFT 19
Techn.-Wissenschaftl. Büro für die Bastfaserindustrie, Bielefeld
Die Auswirkung des Schlichtens von Leinengarnketten auf den Verarbeitungswirkungsgrad, sowie die Festigkeit und Dehnungsverhältnisse der Garne und Gewebe
1953, 48 Seiten, 1 Abb., 9 Tabellen, DM 9,—

HEFT 20
Techn.-Wissenschaftl. Büro für die Bastfaserindustrie, Bielefeld
Trocknung von Leinengarnen I
Vorgang und Einwirkung auf die Garnqualität
1953, 62 Seiten, 18 Abb., 5 Tabellen, DM 12,—

HEFT 21
Techn.-Wissenschaftl. Büro für die Bastfaserindustrie, Bielefeld
Trocknung von Leinengarnen II
Spulenanordnung und Luftführung beim Trocknen von Kreuzspulen
1953, 66 Seiten, 22 Abb., 9 Tabellen, DM 13,—

HEFT 22
Techn.-Wissenschaftl. Büro für die Bastfaserindustrie, Bielefeld
Die Reparaturanfälligkeit von Webstühlen
1953, 28 Seiten, 7 Abb., 5 Tabellen, DM 5,80

HEFT 23
Institut für Starkstromtechnik, Aachen
Rechnerische und experimentelle Untersuchungen zur Kenntnis der Metadyne als Umformer von konstanter Spannung auf konstanten Strom
1953, 52 Seiten, 20 Abb., 4 Tafeln, DM 9,75

HEFT 24
Institut für Starkstromtechnik, Aachen
Vergleich verschiedener Generator-Metadyne-Schaltungen in bezug auf statisches Verhalten
1952, 44 Seiten, 23 Abb., DM 8,50

HEFT 25
Gesellschaft für Kohlentechnik mbH., Dortmund-Eving
Struktur der Steinkohlen und Steinkohlen-Kokse
1953, 58 Seiten, DM 11,—

HEFT 26
Techn.-Wissenschaftl. Büro für die Bastfaserindustrie, Bielefeld
Vergleichende Untersuchungen zweier neuzeitlicher Ungleichmäßigkeitsprüfer für Bänder und Garne hinsichtlich ihrer Eignung für die Bastfaserspinnerei
1953, 64 Seiten, 30 Abb., DM 12,50

HEFT 27
Prof. Dr. E. Schratz, Münster
Untersuchungen zur Rentabilität des Arzneipflanzenanbaues Römische Kamille, Anthemis nobilis L.
1953, 16 Seiten, 1 Tabelle, DM 3,60

HEFT 28
Prof. Dr. E. Schratz, Münster
Calendula officinalis L. Studien zur Ernährung, Blütenfüllung und Rentabilität der Drogengewinnung
1953, 24 Seiten, 2 Abb., 3 Tabellen, DM 5,20

HEFT 29
Techn.-Wissenschaftl. Büro für die Bastfaserindustrie, Bielefeld
Die Ausnützung der Leinengarne in Geweben
1953, 100 Seiten, 14 Abb., 10 Tabellen, DM 17,80

HEFT 30
Gesellschaft für Kohlentechnik mbH., Dortmund-Eving
Kombinierte Entaschung und Verschwelung von Steinkohle; Aufarbeitung von Steinkohlenschlämmen zu verkokbarer oder verschwelbarer Kohle
1953, 56 Seiten, 16 Abb., 10 Tabellen, DM 10,50

HEFT 31
Dipl.-Ing. A. Stormanns, Essen
Messung des Leistungsbedarfs von Doppelsteg-Kettenförderern
1954, 54 Seiten, 18 Abb., 3 Anlagen, DM 11,—

HEFT 32
Techn.-Wissenschaftl. Büro für die Bastfaserindustrie, Bielefeld
Der Einfluß der Natriumchloridbleiche auf Qualität und Verwebbarkeit von Leinengarnen und die Eigenschaften der Leinengewebe unter besonderer Berücksichtigung des Einsatzes von Schützen- und Spulenwechselautomaten in der Leinenweberei
1953, 64 Seiten, 2 Abb., 12 Tabellen, DM 11,50

HEFT 33
Kohlenstoffbiologische Forschungsstation e. V.
Eine Methode zur Bestimmung von Schwefeldioxyd und Schwefelwasserstoff in Rauchgasen und in der Atmosphäre
1953, 32 Seiten, 8 Abb., 3 Tabellen, DM 6,50

HEFT 34
Textilforschungsanstalt Krefeld
Quellungs- und Entquellungsvorgänge bei Faserstoffen
1953, 52 Seiten, 13 Abb., 13 Tabellen, DM 9,80

WESTDEUTSCHER VERLAG · KÖLN UND OPLADEN

HEFT 35
Professor Dr. W. Kast, Krefeld
Feinstrukturuntersuchungen an künstlichen Zellulosefasern verschiedener Herstellungsverfahren.
Teil I: Der Orientierungszustand
1953, 74 Seiten, 30 Abb., 7 Tabellen, DM 13,80

HEFT 36
Forschungsinstitut der feuerfesten Industrie, Bonn
Untersuchungen über die Trocknung von Rohton
Untersuchungen über die chemische Reinigung von Silika- und Schamotte-Rohstoffen mit chlorhaltigen Gasen
1953, 60 Seiten, 5 Abb., 5 Tabellen, DM 11,—

HEFT 37
Forschungsinstitut der feuerfesten Industrie, Bonn
Untersuchungen über den Einfluß der Probenvorbereitung auf die Kaltdruckfestigkeit feuerfester Steine
1953, 40 Seiten, 2 Abb., 5 Tabellen, DM 7,80

HEFT 38
Forschungsstelle für Acetylen, Dortmund
Untersuchungen über die Trocknung von Acetylen zur Herstellung von Dissousgas
1953, 36 Seiten, 11 Abb., 3 Tabellen, DM 6,80

HEFT 39
Forschungsgesellschaft Blechverarbeitung e. V., Düsseldorf
Untersuchungen an prägegemusterten und vorgelochten Blechen
1953, 46 Seiten, 34 Abb., DM 9,50

HEFT 40
Landesgeologe Dr.-Ing. W. Wolff, Amt für Bodenforschung, Krefeld
Untersuchungen über die Anwendbarkeit geophysikalischer Verfahren zur Untersuchung von Spateisengängen im Siegerland
1953, 46 Seiten, 8 Abb., DM 8,80

HEFT 41
Techn.-Wissenschaftl. Büro für die Bastfaserindustrie, Bielefeld
Untersuchungsarbeiten zur Verbesserung des Leinenwebstuhles II
1953, 40 Seiten, 4 Abb., 5 Tabellen, DM 7,80

HEFT 42
Professor Dr. B. Helferich, Bonn
Untersuchungen über Wirkstoffe — Fermente — in der Kartoffel und die Möglichkeit ihrer Verwendung
1953, 58 Seiten, 9 Abb., DM 11,—

HEFT 43
Forschungsgesellschaft Blechverarbeitung e. V., Düsseldorf
Forschungsergebnisse über das Beizen von Blechen
1953, 48 Seiten, 38 Abb., 2 Tabellen, DM 11,30

HEFT 44
Arbeitsgemeinschaft für praktische Dehnungsmessung, Düsseldorf
Eigenschaften und Anwendungen von Dehnungsmeßstreifen
1953, 68 Seiten, 43 Abb., 2 Tabellen, DM 13,70

HEFT 45
Losenhausenwerk Düsseldorfer Maschinenbau AG., Düsseldorf
Untersuchungen von störenden Einflüssen auf die Lastgrenzenanzeige von Dauerschwingprüfmaschinen
1953, 36 Seiten, 11 Abb., 3 Tabellen, DM 7,25

HEFT 46
Prof. Dr. W. Fuchs, Aachen
Untersuchungen über die Aufbereitung von Wasser für die Dampferzeugung in Benson-Kesseln
1953, 58 Seiten, 18 Abb., 9 Tabellen, DM 11,20

HEFT 47
Prof. Dr.-Ing. K. Krekeler, Aachen
Versuche über die Anwendung der induktiven Erwärmung zum Sintern von hochschmelzenden Metallen sowie zur Anlegierung und Vergütung von aufgespritzten Metallschichten mit dem Grundwerkstoff
1954, 66 Seiten, 39 Abb., DM 13,90

HEFT 48
Max-Planck-Institut für Eisenforschung, Düsseldorf
Spektrochemische Analyse der Gefügebestandteile in Stählen nach ihrer Isolierung
1953, 38 Seiten, 8 Abb., 5 Tabellen, DM 7,80

HEFT 49
Max-Planck-Institut für Eisenforschung, Düsseldorf
Untersuchungen über Ablauf der Desoxydation und die Bildung von Einschlüssen in Stählen
1953, 52 Seiten, 19 Abb., 3 Tabellen, DM 12,40

HEFT 50
Max-Planck-Institut für Eisenforschung, Düsseldorf
Flammenspektralanalytische Untersuchung der Ferritzusammensetzung in Stählen
1953, 44 Seiten, 15 Abb., 4 Tabellen, DM 8,60

HEFT 51
Verein zur Förderung von Forschungs- und Entwicklungsarbeiten in der Werkzeugindustrie e. V., Remscheid
Untersuchungen an Kreissägeblättern für Holz, Fehler- und Spannungsprüfverfahren
1953, 50 Seiten, 23 Abb., DM 10,—

HEFT 52
Forschungsstelle für Acetylen, Dortmund
Untersuchungen über den Umsatz bei der explosiblen Zersetzung von Azetylen
a) Zersetzung von gasförmigem Azetylen
b) Zersetzung von an Silikagel adsorbiertem Azetylen
1954, 48 Seiten, 8 Abb., 10 Tabellen, DM 9,25

HEFT 53
Professor Dr.-Ing. H. Opitz, Aachen
Reibwert und Verschleißmessungen an Kunststoffgleitführungen für Werkzeugmaschinen
1954, 38 Seiten, 18 Abb., DM 8,20

HEFT 54
Professor Dr.-Ing. F. A. F. Schmidt, Aachen
Schaffung von Grundlagen für die Erhöhung der spez. Leistung und Herabsetzung des spez. Brennstoffverbrauches bei Ottomotoren mit Teilbericht über Arbeiten an einem neuen Einspritzverfahren
1954, 34 Seiten, 15 Abb., DM 7,40

HEFT 55
Forschungsgesellschaft Blechverarbeitung e. V. Düsseldorf
Chemisches Glänzen von Messing und Neusilber
1954, 50 Seiten, 21 Abb., 1 Tabelle, DM 10,20

HEFT 56
Forschungsgesellschaft Blechverarbeitung e. V., Düsseldorf
Untersuchungen über einige Probleme der Behandlung von Blechoberflächen
1954, 52 Seiten, 42 Abb., DM 11,20

HEFT 57
Prof. Dr.-Ing. F. A. F. Schmidt, Aachen
Untersuchungen zur Erforschung des Einflusses des chemischen Aufbaues des Kraftstoffes auf sein Verhalten im Motor und in Brennkammern von Gasturbinen
1954, 70 Seiten, 32 Abb., DM 14,60

HEFT 58
Gesellschaft für Kohlentechnik mbH., Dortmund
Herstellung und Untersuchung von Steinkohlenschwelteer
1954, 74 Seiten, 9 Abb., 9 Tabellen, DM 13,75

HEFT 59
Forschungsinstitut der Feuerfest-Industrie e. V., Bonn
Ein Schnellanalysenverfahren zur Bestimmung von Aluminiumoxyd, Eisenoxyd und Titanoxyd in feuerfestem Material mittels organischer Farbreagenzien auf photometrischem Wege
Untersuchungen des Alkali-Gehaltes feuerfester Stoffe mit dem Flammenphotometer nach Riehm-Lange
1954, 62 Seiten, 12 Abb., 3 Tabellen, DM 11,60

HEFT 60
Forschungsgesellschaft Blechverarbeitung e. V., Düsseldorf
Untersuchungen über das Spritzlackieren im elektrostatischen Hochspannungsfeld
1954, 82 Seiten, 53 Abb., 7 Tabellen, DM 17,—

HEFT 61
Verein zur Förderung von Forschungs- und Entwicklungsarbeiten in der Werkzeugindustrie e. V., Remscheid
Schwingungs- und Arbeitsverhalten von Kreissägeblättern für Holz
1954, 54 Seiten, 31 Abb., DM 11,40

HEFT 62
Professor Dr. W. Franz, Institut für theoretische Physik der Universität Münster
Berechnung des elektrischen Durchschlags durch feste und flüssige Isolatoren
1954, 36 Seiten, DM 7,—

HEFT 63
Textilforschungsanstalt Krefeld
Neue Methoden zur Untersuchung der Wirkungsweise von Textilhilfsmitteln
Untersuchungen über Schlichtungs- und Entschlichtungsvorgänge
1954, 34 Seiten, 1 Abb., 5 Tabellen, DM 6,80

HEFT 64
Textilforschungsanstalt Krefeld
Die Kettenlängenverteilung von hochpolymeren Faserstoffen
Über die fraktionierte Fällung von Polyamiden
1954, 44 Seiten, 13 Abb., DM 8,60

HEFT 65
Fachverband Schneidwarenindustrie, Solingen
Untersuchungen über das elektrolytische Polieren von Tafelmesserklingen aus rostfreiem Stahl
1954, 90 Seiten, 38 Abb., 9 Tabellen, DM 17,35

HEFT 66
Dr.-Ing. P. Füsgen VDI †, Düsseldorf
Untersuchungen über das Auftreten des Ratterns bei selbsthemmenden Schneckengetrieben und seine Verhütung
1954, 32 Seiten, 5 Abb., DM 6,60

HEFT 67
Heinrich Wösthoff o. H. G., Apparatebau, Bochum
Entwicklung einer chemisch-physikalischen Apparatur zur Bestimmung kleinster Kohlenoxyd-Konzentrationen
1954, 94 Seiten, 48 Abb., 2 Tabellen, DM 18,25

HEFT 68
Kohlenstoffbiologische Forschungsstation e. V., Essen
Algengroßkulturen im Sommer 1952
II. Über die unsterile Großkultur von Scenedesmus obliquus
1954, 62 Seiten, 3 Abb., 29 Tabellen, DM 11,40

HEFT 69
Wäschereiforschung Krefeld
Bestimmung des Faserabbaues bei Leinen unter besonderer Berücksichtigung der Leinengarnbleiche
1954, 48 Seiten, 15 Abb., 3 Tabellen, DM 9,60

HEFT 70
Wäschereiforschung Krefeld
Trocknen von Wäschestoffen
1954, 52 Seiten, 18 Abb., 3 Tabellen, DM 10,—

HEFT 71
Prof. Dr.-Ing. K. Leist, Aachen
Kleingasturbinen, insbesondere zum Fahrzeugantrieb
1954, 114 Seiten, 85 Abb., DM 22,—

HEFT 72
Prof. Dr.-Ing. K. Leist, Aachen
Beitrag zur Untersuchung von stehenden geraden Turbinengittern mit Hilfe von Druckverteilungsmessungen
1954, 152 Seiten, 111 Abb., DM 36,20

HEFT 73
Prof. Dr.-Ing. K. Leist, Aachen
Spannungsoptische Untersuchungen von Turbinenschaufelfüßen
1954, 66 Seiten, 46 Abb., 2 Tabellen, DM 14,60

HEFT 74
Max-Planck-Institut für Eisenforschung, Düsseldorf
Versuche zur Klärung des Umwandlungsverhaltens eines sonderkarbidbildenden Chromstahls
1954, 58 Seiten, 10 Abb., DM 14,—

HEFT 75
Max-Planck-Institut für Eisenforschung, Düsseldorf
Zeit-Temperatur-Umwandlungs-Schaubilder als Grundlage der Wärmebehandlung der Stähle
1954, 44 Seiten, 13 Abb., DM 8,70

HEFT 76
Max-Planck-Institut für Arbeitsphysiologie, Dortmund
Arbeitstechnische und arbeitsphysiologische Rationalisierung von Mauersteinen
1954, 52 Seiten, 12 Abb., 3 Tabellen, DM 10,20

HEFT 77
Meteor Apparatebau Paul Schmeck GmbH., Siegen
Entwicklung von Leuchtstoffröhren hoher Leistung
1954, 46 Seiten, 12 Abb., 2 Tabellen, DM 9,15

HEFT 78
Forschungsstelle für Acetylen, Dortmund
Über die Zustandsgleichung des gasförmigen Acetylens und das Gleichgewicht Acetylen — Aceton
1954, 42 Seiten, 3 Abb., 8 Tabellen, DM 8,—

HEFT 79
Techn.-Wissenschaftl. Büro für die Bastfaserindustrie, Bielefeld
Trocknung von Leinengarnen III
Spinnspulen- und Spinnkopstrocknung
Vorgang und Einwirkung auf die Garnqualität
1954, 74 Seiten, 18 Abb., 10 Tabellen, DM 14,—

WESTDEUTSCHER VERLAG · KÖLN UND OPLADEN

HEFT 80
Techn.-Wissenschaftl. Büro für die Bastfaserindustrie, Bielefeld
Die Verarbeitung von Leinengarn auf Webstühlen mit und ohne Oberbau
1954, 30 Seiten, 2 Abb., 2 Tabellen, DM 6,—

HEFT 81
Prüf- und Forschungsinstitut für Ziegeleierzeugnisse, Essen-Kray
Die Einführung des großformatigen Einheits-Gitterziegels im Lande Nordrhein-Westfalen
1954, 54 Seiten, 2 Abb., 2 Tabellen, DM 10,—

HEFT 82
Vereinigte Aluminium-Werke AG., Bonn
Forschungsarbeiten auf dem Gebiet der Veredelung von Aluminium-Oberflächen
1954, 46 Seiten, 34 Abb., DM 9,60

HEFT 83
Prof. Dr. S. Strugger, Münster
Über die Struktur der Proplastiden
1954, 30 Seiten, 15 Abb., DM 8,40

HEFT 84
Dr. H. Baron, Düsseldorf
Über Standardisierung von Wundtextilien
1954, 32 Seiten, DM 6,40

HEFT 85
Textilforschungsanstalt Krefeld
Physikalische Untersuchungen an Fasern, Fäden, Garnen und Geweben:
Untersuchungen am Knickscheuergerät nach Weltzien
1954, 40 Seiten, 11 Abb., 8 Tabellen, DM 10,—

HEFT 86
Prof. Dr.-Ing. H. Opitz, Aachen
Untersuchungen über das Fräsen von Baustahl sowie über den Einfluß des Gefüges auf die Zerspanbarkeit
1954, 108 Seiten, 73 Abb., 7 Tabellen, DM 22,—

HEFT 87
Gemeinschaftsausschuß Verzinken, Düsseldorf
Untersuchungen über Güte von Verzinkungen
1954, 68 Seiten, 56 Abb., 3 Tabellen, DM 15,30

HEFT 88
Gesellschaft für Kohlentechnik mbH., Dortmund-Eving
Oxydation von Steinkohle mit Salpetersäure
1954, 62 Seiten, 2 Abb., 1 Tabelle, DM 11,50

HEFT 89
Verein Deutscher Ingenieure, Gleitlagerforschung, Düsseldorf
und Prof. Dr.-Ing. G. Vogelpohl, Göttingen
Versuche mit Preßstoff-Lagern für Walzwerke
1954, 70 Seiten, 34 Abb., DM 14,10

HEFT 90
Forschungs-Institut der Feuerfest-Industrie, Bonn
Das Verhalten von Silikasteinen im Siemens-Martin-Ofengewölbe
1954, 62 Seiten, 15 Abb., 11 Tabellen, DM 11,90

HEFT 91
Forschungs-Institut der Feuerfest-Industrie, Bonn
Untersuchungen des Zusammenhangs zwischen Leistung und Kohlenverbrauch von Kammeröfen zum Brennen von feuerfesten Materialien
1954, 42 Seiten, 6 Abb., DM 8,30

HEFT 92
Techn.-Wissenschaftl. Büro für die Bastfaserindustrie, Bielefeld
und Laboratorium für textile Meßtechnik, M.-Gladbach
Messungen von Vorgängen am Webstuhl
1954, 76 Seiten, 45 Abb., DM 15,50

HEFT 93
Prof. Dr. W. Kast, Krefeld
Spinnversuche zur Strukturerfassung künstlicher Zellulosefasern
1954, 82 Seiten, 39 Abb., 6 Tabellen, DM 16,—

HEFT 94
Prof. Dr. G. Winter, Bonn
Die Heilpflanzen der MATTHIOLUS (1611) gegen Infektionen der Harnwege und Verunreinigung der Wunden bzw. zur Förderung der Wundheilung im Lichte der Antibiotikaforschung
1954, 58 Seiten, 1 Abb., 2 Tabellen, DM 11,50

HEFT 95
Prof. Dr. G. Winter, Bonn
Untersuchungen über die flüchtigen Antibiotika aus der Kapuziner- (Tropaeolum maius) und Gartenkresse (Lepidium sativum) und ihr Verhalten im menschlichen Körper bei Aufnahme von Kapuziner- bzw. Gartenkressensalat per os
1955, 74 Seiten, 9 Abb., 25 Tabellen, DM 14,—

HEFT 96
Dr.-Ing. P. Koch, Dortmund
Austritt von Exoelektronen aus Metalloberflächen unter Berücksichtigung der Verwendung des Effektes für die Materialprüfung
1954, 34 Seiten, 13 Abb., DM 7,—

HEFT 97
Ing. H. Stein, Laboratorium für textile Meßtechnik, M.-Gladbach
Untersuchung der Verzugsvorgänge an den Streckwerken verschiedener Spinnereimaschinen
2. Bericht: Ermittlung der Haft-Gleiteigenschaften von Faserbändern und Vorgarnen
1955, 98 Seiten, 54 Abb., DM 21,—

HEFT 98
Fachverband Gesenkschmieden, Hagen
Die Arbeitsgenauigkeit beim Gesenkschmieden unter Hämmern
1955, 132 Seiten, 55 Abb., 9 Tabellen, DM 24,75

HEFT 99
Prof. Dr.-Ing. G. Garbotz, Aachen
Der Kraft- und Arbeitsaufwand sowie die Leistungen beim Biegen von Bewehrungsstählen in Abhängigkeit von den Abmessungen, den Formen und der Güte der Stähle (Ermittlung von Leistungsrichtlinien)
1955, 136 Seiten, 53 Abb., 3 Anlagen, 18 Tabellen, DM 30,—

HEFT 100
Prof. Dr.-Ing. H. Opitz, Aachen
Untersuchungen von elektrischen Antrieben, Steuerungen und Regelungen an Werkzeugmaschinen
1955, 166 Seiten, 71 Abb., 3 Tabellen, DM 31,30

HEFT 101
Prof. Dr.-Ing. H. Opitz, Aachen
Wirtschaftlichkeitsbetrachtungen beim Außenrundschleifen
1955, 100 Seiten, 56 Abb., 3 Tabellen, DM 19,30

HEFT 102
Dr. P. Hölemann, Ing. R. Hasselmann und Ing. G. Dix, Dortmund
Untersuchungen über die thermische Zündung von explosiblen Acetylenzersetzungen in Kapillaren
1954, 44 Seiten, 5 Abb., 4 Tabellen, DM 8,60

HEFT 103
Prof. Dr. W. Weizel, Bonn
Durchführung von experimentellen Untersuchungen über den zeitlichen Ablauf von Funken in komprimierten Edelgasen sowie zu deren mathematischen Berechnung
1955, 46 Seiten, 12 Abb., DM 9,10

HEFT 104
Prof. Dr. W. Weizel, Bonn
Über den Einfluß der Elektroden auf die Eigenschaften von Cadmium-Sulfid-Widerstands-Photozellen
1955, 48 Seiten, 12 Abb., DM 9,45

HEFT 105
Dr.-Ing. R. Meldau, Harsewinkel/Westf.
Auswertung von Gekörn — Analysen des Musterstaubes „Flugasche Fortuna I"
1955, 42 Seiten, 14 Abb., DM 8,50

HEFT 106
ORR. Dr.-Ing. W. Küch, Dortmund
Untersuchungen über die Einwirkung von feuchtigkeitsgesättigter Luft auf die Festigkeit von Leimverbindungen
1954, 60 Seiten, 10 Abb., 6 Tabellen, DM 11,40

HEFT 107
Prof. Dr. H. Lange und Dipl.-Phys. P. St. Pütter, Köln
Über die Konstruktion von Laboratoriumsmagneten
1955, 66 Seiten, 19 Abb., 1 Tabelle, DM 12,30

HEFT 108
Prof. Dr. W. Fuchs, Aachen
Untersuchungen über neue Beizmethoden und Beizabwässer
I. Die Entzunderung von Drähten mit Natriumhydrid
II. Die Aufbereitung von Beizabwässern
1955, 82 Seiten, 15 Abb., 14 Tabellen, 1 Falttafel, DM 15,25

HEFT 109
Dr. P. Hölemann und Ing. R. Hasselmann, Dortmund
Untersuchungen über die Löslichkeit von Azetylen in verschiedenen organischen Lösungsmitteln
1954, 42 Seiten, 10 Abb., 8 Tabellen, DM 8,30

HEFT 110
Dr. P. Hölemann und Ing. R. Hasselmann, Dortmund
Untersuchungen über den Druckverlauf bei der explosiblen Zersetzung von gasförmigem Azetylen
1955, 54 Seiten, 10 Abb., 5 Tabellen, DM 11,—

HEFT 111
Fachverband Steinzeugindustrie, Köln
Die Entwicklung eines Gerätes zur Beschickung seitlicher Feuer von Steinzeug-Einzelkammeröfen mit festen Brennstoffen
1955, 46 Seiten, 16 Abb., DM 9,40

HEFT 112
Prof. Dr.-Ing. H. Opitz, Aachen
Verschleißmessungen beim Drehen mit aktivierten Hartmetallwerkzeugen
1954, 44 Seiten, 17 Abb., 6 Tabellen, DM 8,80

HEFT 113
Prof. Dr. O. Graf, Dortmund
Erforschung der geistigen Ermüdung und nervösen Belastung: Studien über die vegetative 24-Stunden-Rhythmik in Ruhe und unter Belastung
1955, 40 Seiten, 12 Abb., DM 8,20

HEFT 114
Prof. Dr. O. Graf, Dortmund
Studien über Fließarbeitsprobleme an einer praxisnahen Experimentieranlage
1954, 34 Seiten, 6 Abb., DM 7,—

HEFT 115
Prof. Dr. O. Graf, Dortmund
Studium über Arbeitspausen in Betrieben bei freier und zeitgebundener Arbeit (Fließarbeit) und ihre Auswirkung auf die Leistungsfähigkeit
1955, 50 Seiten, 13 Abb., 2 Tabellen, DM 9,80

HEFT 116
Prof. Dr.-Ing. E. Siebel und Dr.-Ing. H. Weiss, Stuttgart
Untersuchungen an einigen Problemen des Tiefziehens — I. Teil
1955, 74 Seiten, 50 Abb., 5 Tabellen, DM 14,50

HEFT 117
Dr.-Ing. H. Beißwänger, Stuttgart, und Dr.-Ing. S. Schwandt, Trier
Untersuchungen an einigen Problemen des Tiefziehens — II. Teil
1955, 92 Seiten, 34 Abb., 8 Tabellen, DM 17,70

HEFT 118
Prof. Dr. E. A. Müller und Dr. H. G. Wenzel, Dortmund
Neuartige Klima-Anlage zur Erzeugung ungleicher Luft- und Strahlungstemperaturen in einem Versuchsraum
1955, 68 Seiten, 10 z. T. mehrfarb. Abb., DM 14,—

HEFT 119
Dr.-Ing. O. Viertel, Krefeld
Wäscherei- und energietechnische Untersuchung einer Gemeinschafts-Waschanlage
1955, 50 Seiten, 18 Abb., DM 10,20

HEFT 120
Dipl.-Ing. A. Weisbecker, Lüdenscheid
Über Anfressung an Reinstaluminium-Schweißnähten bei der elektrolytischen Oxydation
Gebr. Hörstermann GmbH., Velbert
Entwicklung und Erprobung eines neuartigen Gummibandförderers
1955, 46 Seiten, 18 Abb., DM 9,70

HEFT 121
Dr. H. Krebs, Bonn
I. Die Struktur und die Eigenschaften der Halbmetalle
II. Die Bestimmung der Atomverteilung in amorphen Substanzen
III. Die chemische Bindung in anorganischen Festkörpern und das Entstehen metallischer Eigenschaften
1955, 124 Seiten, 36 Abb., 13 Tabellen, DM 22,90

HEFT 122
Prof. Dr. W. Fuchs, Aachen
Untersuchungen zur Verbesserung der Wasseraufbereitung und Wasseranalyse:
Über die Schnellbewertung von Ionenaustauscher
1955, 62 Seiten, 32 Abb., DM 12,30

HEFT 123
Dipl.-Ing. J. Emondts, Aachen
Über Bodenverformungen bei stark gestörtem und mächtigem, wasserführendem Deckgebirge im Aachener Steinkohlengebiet
1955, 196 Seiten, 37 Abb., 10 Tabellen, DM 28,80

HEFT 124
Prof. Dr. R. Seyffert, Köln
Wege und Kosten der Distribution der Hausratwaren im Lande Nordrhein-Westfalen
1955, 74 Seiten, 25 Tabellen, DM 9,—

WESTDEUTSCHER VERLAG · KÖLN UND OPLADEN

HEFT 125
Prof. Dr. E. Kappler, Münster
Eine neue Methode zur Bestimmung von Kondensations-Koeffizienten von Wasser
1955, 46 Seiten, 11 Abb., 1 Tabelle, DM 9,10

HEFT 126
Prof. Dr.-Ing. J. Mathieu, Aachen
Arbeitszeitvergleich
Grundlagen, Methodik und praktische Durchführung
1955, 70 Seiten, DM 13,—

HEFT 127
Güteschutz Betonstein e. V.,
Arbeitskreis Nordrhein-Westfalen, Dortmund
Die Betonwaren-Gütesicherung im Lande Nordrhein-Westfalen
1955, 58 Seiten, 15 Abb., 3 Tabellen, DM 11,50

HEFT 128
Prof. Dr. O. Schmitz-DuMont, Bonn
Untersuchungen über Reaktionen in flüssigem Ammoniak
1955, 96 Seiten, 11 Abb., 6 Tabellen, DM 17,75

HEFT 129
Prof. Dr.-Ing. J. Mathieu und Dr. C. A. Roos, Aachen
Die Anlernung von Industriearbeitern
I. Ergebnisse einer grundsätzlichen Untersuchung der gegenwärtigen Industriearbeiter-Kurzanlernung
1955, 106 Seiten, DM 19,70

HEFT 130
Prof. Dr.-Ing. J. Mathieu und Dr. C. A. Roos, Aachen
Die Anlernung von Industriearbeitern
II. Beiträge zur Methodenfrage der Kurzanlernung
1955, 108 Seiten, DM 19,90

HEFT 131
Dr. W. Hoerburger, Köln
Versuche zur Biosynthese von Eiweiß aus Kohlenwasserstoff
1955, 34 Seiten, 2 Abb., DM 6,90

HEFT 132
Prof. Dr. W. Seith, Münster
Über Diffusionserscheinungen in festen Metallen
1955, 42 Seiten, 19 Abb., 4 Tabellen, DM 9,10

HEFT 133
Prof. Dr. E. Jenckel, Aachen
Über einen für Schwermetalle selektiven Ionenaustauscher
1955, 48 Seiten, 8 Abb., 13 Tabellen, DM 9,50

HEFT 134
Prof. Dr.-Ing. H. Winterhager, Aachen
Über die elektrochemischen Grundlagen der Schmelzfluß-Elektrolyse von Bleisulfid in geschmolzenen Mischungen mit Bleichlorid
1955, 54 Seiten, 20 Abb., 5 Tabellen, DM 11,80

HEFT 135
Prof. Dr.-Ing. K. Krekeler und Dr.-Ing. H. Peukert, Aachen
Die Änderung der mechanischen Eigenschaften thermoplastischer Kunststoffe durch Warmrecken
1955, 54 Seiten, 27 Abb., DM 11,10

HEFT 136
Dipl.-Phys. P. Pilz, Remscheid
Über spezielle Probleme der Zerkleinerungstechnik von Weichstoffen
1955, 58 Seiten, 19 Abb., 2 Tabellen, DM 11,50

HEFT 137
Prof. Dr. W. Baumeister, Münster
Beiträge zur Mineralstoffernährung der Pflanzen
1955, 64 Seiten, 6 Tabellen, DM 11,80

HEFT 138
Dr. P. Hölemann und Ing. R. Hasselmann, Dortmund
Untersuchungen über die Zersetzungswärme von gasförmigem und in Azeton gelöstem Azetylen
1955, 54 Seiten, 8 Abb., 7 Tabellen, DM 10,40

HEFT 139
Prof. Dr. W. Fuchs, Aachen
Studien über die thermische Zersetzung der Kohle und die Kohlendestillatprodukte
1955, 68 Seiten, 20 Abb., 22 Tabellen, DM 11,80

HEFT 140
Dr.-Ing. G. Hausberg, Essen
Modellversuche an Zyklonen
1955, 78 Seiten, 24 Abb., DM 15,70

HEFT 141
Dr. J. van Calker und Dr. R. Wienecke, Münster
Untersuchungen über den Einfluß dritter Analysenpartner auf die spektrochemische Analyse
1955, 42 Seiten, 15 Abb., DM 9,10

HEFT 142
Dipl.-Ing. G. M. F. Wiebel, Hannover, A. Konermann und A. Ottenheym, Sennelager
Entwicklung eines Kalksandleichtsteines
1955, 38 Seiten, 4 Abb., DM 8,—

HEFT 143
Prof. Dr. F. Wever, Dr. A. Rose und Dipl.-Ing. W. Straßburg, Düsseldorf
Härtbarkeit und Umwandlungsverhalten der Stähle
1955, 50 Seiten, 12 Abb., 3 Tabellen, DM 10,70

HEFT 144
Prof. Dr. H. Wurmbach, Bonn
Steuerung von Wachstum und Formbildung
1955, 48 Seiten, 19 Abb., DM 10,30

HEFT 145
Dr. G. Hennemann, Werdohl (Westf.)
Beitrag zur Interpretation der modernen Atomphysik
1955, 34 Seiten, DM 10,—

HEFT 146
Dr.-Ing. F. Gruß, Düsseldorf
Sterilisation mit Heißluft
1955, 34 Seiten, 10 Abb., DM 7,70

HEFT 147
Dr.-Ing. W. Rudisch, Unna
Untersuchung einer drehelastischen Elektromagnet-Synchronkupplung
1955, 82 Seiten, 65 Abb., DM 17,70

HEFT 148
Prof. Dr. H. Bittel u. Dipl.-Phys. L. Storm, Münster
Untersuchungen über Widerstandsrauschen
1955, 40 Seiten, 5 Abb., DM 8,40

HEFT 149
Dipl.-Ing. K. Konopicky und Dipl.-Chem. P. Kampa, Bonn
I. Beitrag zur flammenphotometrischen Bestimmung des Calciums.
Dr.-Ing. K. Konopicky, Bonn
II. Die Wanderung von Schlackenbestandteilen in feuerfesten Baustoffen
1955, 54 Seiten, 10 Abb., 5 Tabellen, DM 11,—

HEFT 150
Prof. Dr.-Ing. O. Kienzle und Dipl.-Ing. W. Timmerbeil, Hannover
Das Durchziehen enger Kragen an ebenen Fein- und Mittelblechen
1955, 52 Seiten, 20 Abb., 8 Tabellen, DM 11,30

HEFT 151
Dipl.-Ing. P. Karabasch, Aachen
Feststellung des optimalen Gasgehaltes von Bronzen zur Erzielung druckdichter Gußstücke
1956, 64 Seiten, 31 Abb., 5 Tabellen, DM 13,90

HEFT 152
Dipl.-Ing. G. Müller, Köln
Ermittlung der Laufeigenschaften (Vergießbarkeit) von Bronze und Rotguß mittels der Schneider-Gießspirale
1955, 60 Seiten, 33 Abb., DM 13,30

HEFT 153
Prof. Dr. F. Wever, Dr.-Ing. W. A. Fischer und Dipl.-Ing. J. Engelbrecht, Düsseldorf
I. Die Reduktion sauerstoffhaltiger Eisenschmelzen im Hochvakuum mit Wasserstoff und Kohlenstoff
II. Einfluß geringer Sauerstoffgehalte auf das Gefüge und Alterungsverhalten von Reineisen
1955, 54 Seiten, 15 Abb., 2 Tabellen, DM 12,40

HEFT 154
Prof. Dr.-Ing. P. Bardenheuer und Dr.-Ing. W. A. Fischer, Düsseldorf
Die Verschlackung von Titan aus Stahlschmelzen im sauren und basischen Hochfrequenzofen unter verschiedenen Schlacken
1955, 36 Seiten, 10 Abb., 1 Tabelle, DM 7,95

HEFT 155
Dipl.-Phys. K. H. Schirmer, München
Die auf Grau abgestimmte Farbwiedergabe im Dreifarbenbuchdruck
1955, 46 Seiten, 17 Abb., 2 Farbtafeln, DM 10,—

HEFT 156
Prof. Dr.-Ing. B. von Borries und Mitarbeiter, Düsseldorf
Die Entwicklung regelbarer permanentmagnetischer Elektronenlinsen hoher Brechkraft und eines mit ihnen ausgerüsteten Elektronenmikroskopes neuer Bauart
1956, 102 Seiten, 52 Abb., DM 22,55

HEFT 157
Dr. W. Jawtusch, Dr. G. Schuster und Prof. Dr.-Ing. R. Jaeckel, Bonn
Untersuchungen über die Stoßvorgänge zwischen neutralen Atomen und Molekülen
1955, 48 Seiten, 15 Abb., 3 Tabellen, DM 10,50

HEFT 158
Dipl.-Ing. W. Rosenkranz, Meinerzhagen
Ein Beitrag zum Problem der Spannungskorrosion bei Preßprofilen und Preßteilen aus Aluminium-Legierungen
1956, 112 Seiten, 61 Abb., 5 Tabellen, DM 27,40

HEFT 159
Dr.-Ing. O. Viertel und O. Oldenroth, Krefeld
Das Bleichen von Weißwäsche mit Wasserstoffsuperoxyd bzw. Natriumhypochlorit beim maschinellen Waschen
1955, 54 Seiten, 23 Abb., 2 Tabellen, DM 11,45

HEFT 160
Prof. Dr. W. Klemm, Münster
Über neue Sauerstoff- und Fluor-haltige Komplexe
1955, 50 Seiten, 13 Abb., 7 Tabellen, DM 10,80

HEFT 161
Prof. Dr. W. Weltzien und Dr. G. Hauschild, Krefeld
Über Silikone und ihre Anwendung in der Textilveredlung
1955, 162 Seiten, 22 Abb., 10 Tabellen, DM 27,—

HEFT 162
Prof. Dr. F. Wever, Prof. Dr. A. Kochendörfer und Dr.-Ing. Chr. Rohrbach, Düsseldorf
Kennzeichnung der Sprödbruchneigung von Stählen durch Messung der Fließspannung, Reißspannung und Brucheinschnürung an dreiachsig beanspruchten Proben
1955, 58 Seiten, 26 Abb., DM 13,—

HEFT 163
Dipl.-Ing. W. Rohs und Text.-Ing. H. Griese, Bielefeld
Untersuchungsarbeiten zur Verbesserung des Leinenwebstuhls III
1955, 80 Seiten, 15 Abb., 18 Tabellen, DM 15,80

HEFT 164
Dr.-Ing. H. Schmachtenberg, Köln
Neuartige Prüfeinrichtungen für Kraftfahrzeuge
1955, 44 Seiten, 23 Abb., DM 9,60

HEFT 165
Dr.-Ing. W. Wilhelm, Aachen
Instationäre Gasströmung im Auspuffsystem eines Zweitaktmotors
1955, 62 Seiten, 31 Abb., 8 Tabellen, DM 13,60

HEFT 166
Prof. Dr. M. v. Stackelberg, Dr. H. Heindze, Dr. H. Hübschke und Dr. K. H. Frangen, Bonn
Kolloidchemische Untersuchungen
1955, 106 Seiten, 8 Abb., 13 Tabellen, DM 21,25

HEFT 167
Prof. Dr.-Ing. F. Schuster, Essen
I. Über die Heißkarburierung von Brenngasen mit Ölen und Teeren
II. Die Strahlungsvorgänge in brennstoffbeheizten Öfen bei verschiedenen Verbrennungsatmosphären
1955, 38 Seiten, 8 Abb., DM 8,30

HEFT 168
Prof. Dr.-Ing. F. Schuster, Essen
I. Luftvorwärmung an Gasfeuerungen
II. Heizwerthöhe von Brenngasen und Wirkungsgrad sowie Gasverbrauch bei der Gasverwendung
III. Sauerstoffangereicherte Luft und feuerungstechnische Kenngrößen von Brenngasen
1955, 60 Seiten, 18 Abb., DM 12,50

HEFT 169
Forschungsinstitut für Pigmente und Lacke, Stuttgart
Arbeiten über die Bestimmung des Gebrauchswertes von Lackfilmen durch physikalische Prüfungen
1955, 70 Seiten, 23 Abb., 4 Tabellen, DM 15,—

HEFT 170
Prof. Dr. F. Wever, Dr. A. Rose und Dipl.-Ing. L. Rademacher, Düsseldorf
Anwendung der Umwandlungsschaubilder auf Fragen der Werkstoffauswahl beim Schweißen und Flammhärten
1955, 64 Seiten, 25 Abb., DM 13,70

WESTDEUTSCHER VERLAG · KÖLN UND OPLADEN

HEFT 171
Wäschereiforschung Krefeld
Untersuchung der Wäscheentwässerung mit Hilfe von Zentrifugen und Pressen
1955, 42 Seiten, 16 Abb., 4 Tabellen, DM 9,70

HEFT 172
Dipl.-Ing. W. Rohs, Dr.-Ing. G. Satlow und Text.-Ing. G. Heller, Bielefeld
Trocknung von Hanfgarnen. Kreuzspultrocknung
1955, 60 Seiten, 7 Abb., 4 Tabellen, DM 10,30

HEFT 173
Prof. Dr. R. Hosemann und Dipl.-Phys. G. Schoknecht, Berlin, vorgelegt von Prof. Dr. W. Kast, Krefeld
Lichtoptische Herstellung und Diskussion der Faltungsquadrate parakristalliner Gitter
1956, 108 Seiten, 63 Abb., 6 Tabellen, DM 24,70

HEFT 174
Prof. Dr. W. von Fragstein, Dr. J. Meingast und H. Hoch, Köln
Herstellung von Solen einheitlicher Teilchengröße und Ermittlung ihrer optischen Eigenschaften
1955, 78 Seiten, 80 Abb., 4 Tabellen, DM 18,25

HEFT 175
Dr.-Ing. H. Zeller, Aachen
Beitrag zur eindimensionalen stationären und nichtstationären Gasströmung mit Reibung und Wärmeleitung insbesondere in Rohren mit unstetigen Querschnittsänderungen
1956, 138 Seiten, 56 Abb., DM 29,30

HEFT 176
Dipl.-Ing. H. Schöberl, Duisburg
Über die Methoden zur Ermittlung der Verbrennungstemperatur von Brennstoffen und ein Vorschlag zu ihrer Verbesserung
1955, 30 Seiten, 3 Abb., DM 6,50

HEFT 177
Dipl.-Ing. H. Stüdemann, Solingen, und Dr.-Ing. W. Müchler, Essen
Entwicklung eines Verfahrens zur zahlenmäßigen Bestimmung der Schneideigenschaften von Messerklingen
1956, 104 Seiten, 68 Abb., 4 Tabellen, DM 22,20

HEFT 178
Prof. Dr. M. von Stackelberg u. Dr. W. Hans, Bonn
Untersuchungen zur Ausarbeitung und Verbesserung von polarographischen Analysenmethoden
1955, 46 Seiten, 14 Abb., DM 10,50

HEFT 179
Dipl.-Ing. H. F. Reineke, Bochum
Entwicklungsarbeiten auf dem Gebiete der Meß- und Regeltechnik
1955, 46 Seiten, 10 Abb., DM 10,—

HEFT 180
Dr.-Ing. W. Piepenburg, Dipl.-Ing. B. Bühling und Bauing. J. Behnke, Köln
Putzarbeiten im Hochbau und Versuche mit aktiviertem Mörtel und mechanischem Mörtelauftrag
1955, 116 Seiten, 31 Abb., 68 Tabellen, DM 23,—

HEFT 181
Prof. Dr. W. Franz, Münster
Theorie der elektrischen Leitvorgänge in Halbleitern und isolierenden Festkörpern bei hohen elektrischen Feldern
1955, 28 Seiten, 2 Abb., 1 Tabelle, DM 6,20

HEFT 182
Dr.-Ing. P. Schenk u. Dr. K. Osterloh, Düsseldorf
Katalytisch-thermische Spaltung von gasförmigen und flüssigen Kohlenwasserstoffen zur Spitzengaserzeugung
1955, 50 Seiten, 11 Abb., 11 Tabellen, DM 10,90

HEFT 183
Dr. W. Bornheim, Köln
Entwicklungsarbeiten an Flaschen- und Ampullen-Behandlungsmaschinen für die pharmazeutische Industrie
1956, 48 Seiten, 24 Abb., DM 11,70

HEFT 184
Dr.-Ing. E. Printz, Kettwig
Vollhydraulische Parallel-Kupplung für Ackerschlepper
1955, 32 Seiten, 4 Abb., DM 7,80

HEFT 185
Dipl.-Ing. W. Rohs und Text.-Ing. G. Heller, Bielefeld
Studien an einem neuzeitlichen Kreuzspultrockner für Bastfasergarne mit Wiederbefeuchtungszone
1955, 52 Seiten, 9 Abb., 3 Tabellen, DM 10,70

HEFT 186
Dr. E. Wedekind, Krefeld
Untersuchungen zur Arbeitsbestgestaltung bei der Fertigstellung von Oberhemden in gewerblichen Wäschereien
1955, 124 Seiten, 28 Abb., 6 Tabellen, 2 Falttaf., DM 12,—

HEFT 187
Dipl.-Ing. F. Göttgens, Essen
Über die Eigenarten der Bimetall-, Thermo- und Flammenionisationssicherungsmethode in ihrer Anwendung auf Zündsicherungen
1955, 40 Seiten, 6 Abb., 4 Tabellen, DM 8,40

HEFT 188
W. Kinnebrock, Langenberg (Rhld.)
Der Einfluß des Austausches gleicher Gaskochbrenner bzw. Gaskochbrennerteile auf den Wirkungsgrad und insbesondere auf den CO-Gehalt der Verbrennungsgase
1955, 42 Seiten, 7 Tabellen, DM 8,70

HEFT 189
Fa. E. Leybold's Nachfolger, Köln
I. Ausgewählte Kapitel aus der Vakuumtechnik
II. Zum Verlust anorganisch-nichtflüchtiger Substanzen während der Gefriertrocknung
1955, 52 Seiten, 16 Abb., 3 Tabellen, DM 11,20

HEFT 190
Prof. Dr. A. Neuhaus, Prof. Dr. O. Schmitz-DuMont und Dipl.-Chem. H. Reckhard, Bonn
Zur Kenntnis der Alkalititanate
1955, 60 Seiten, 13 Abb., 1 Tabelle, DM 12,20

HEFT 191
Dr. H. Söhngen, Darmstadt
Schwingungsverhalten eines Schaufelkranzes im Vakuum
1955, 36 Seiten, 7 Abb., DM 7,80

HEFT 192
Dipl.-Phys. E. M. Schneider, München
Kohlebogenlampen für Aufnahme und Kopie
1955, 48 Seiten, 21 Abb., 3 Tabellen, DM 10,60

HEFT 193
Prof. Dr. O. Schmitz-DuMont, Bonn
Untersuchungen über neue Pigmentfarbstoffe
1956, 50 Seiten, 16 Abb., 8 Tabellen, DM 11,20

HEFT 194
Dr. K. Hecht, Köln
Entwicklung neuartiger physikalischer Unterrichtsgeräte
1955, 42 Seiten, 16 Abb., DM 9,90

HEFT 195
Dr.-Ing. E. Rößger, Köln
Gedanken über einen neuen deutschen Luftverkehr
1955, 342 Seiten, 29 Abb., 122 Tabellen, DM 50,—

HEFT 196
Dipl.-Ing. W. Rohs, und Text.-Ing. E. Griese, Bielefeld
Auswirkungen von Garnfehlern bei der Verarbeitung von Leinengarnen
1955, 36 Seiten, 3 Abb., 6 Tabellen, DM 7,80

HEFT 197
Dr. E. Wedekind, Krefeld
Untersuchungen zur Bestimmung der optimalen Arbeitsplatzgröße bei Mehrstuhlarbeit in der Weberei
1955, 92 Seiten, 34 Abb., 2 Tabellen, DM 18,50

HEFT 198
Prof. Dr. J. Weissinger, Karlsruhe
Zur Aerodynamik des Ringflügels. Die Druckverteilung dünner, fast drehsymmetrischer Flügel in Unterschallströmung
1955, 42 Seiten, 5 Abb., DM 9,—

HEFT 199
Textilforschungsanstalt Krefeld
Die Messung von Gewebetemperaturen mittels Temperaturstrahlung
1955, 50 Seiten, 12 Abb., DM 10,90

HEFT 200
R. Seipenbusch, Langenberg (Rhld.)
Spitzengas durch Zusatz von Flüssiggas-Wassergas- und Flüssiggas-Generatorgas-Gemischen zu Stadtgas
1955, 48 Seiten, 21 Abb., DM 10,35

HEFT 201
Dr.-Ing. E. W. Pleines, Frankfurt/Main
Die Sicherheit im Luftverkehr
1956, 194 Seiten, 39 Abb., 19 Tabellen, DM 39,45

HEFT 202
Dipl.-Ing. D. Fiecke, Stuttgart/Zuffenhausen
Die Bestimmung der Flugzeugpolaren für Entwurfszwecke. I. Teil: Unterlagen
in Vorbereitung

HEFT 203
Dr. G. Wandel, Bonn
Uferbewachsung und Lebendverbauung an den Nordwestdeutschen Kanälen und ihren Zuflüssen sowie an der Ruhr
in Vorbereitung

HEFT 204
Dipl.-Ing. B. Naendorf, Langenberg (Rhld.)
Bestimmung der Brenneigenschaften und des Brennverhaltens verschiedener Gasarten und Einfluß verschiedener Düsengestaltung
1955, 32 Seiten, DM 7,10

HEFT 205
Dr. C. Schaarwächter, Düsseldorf
Über plastische Kupfer-Eisen-Phosphor-Legierungen
1956, 36 Seiten, 10 Abb., 10 Tabellen, DM 8,30

HEFT 206
Dr. P. Hölemann, Ing. R. Hasselmann und Ing. G. Dix, Dortmund
Untersuchungen über die Vorgänge bei der Zersetzung von in Azeton gelöstem Azetylen
1956, 74 Seiten, 7 Abb., 7 Tabellen, DM 15,55

HEFT 207
Prof. Dr.-Ing. H. Opitz, Dipl.-Ing. K. H. Fröhlich und Dipl.-Ing. H. Siebel, Aachen
Richtwerte für das Fräsen von unlegierten und legierten Baustählen mit Hartmetall. I. Teil
in Vorbereitung

HEFT 208
Prof. Dr.-Ing. H. Müller, Essen
Untersuchungen von Elektrowärmegeräten für Laienbedienung hinsichtlich Sicherheit und Gebrauchsfähigkeit. I. Untersuchungen an Kochplatten
in Vorbereitung

HEFT 209
Dr. K. Bunge, Leverkusen
Materialabbau in Funkenentladungen. Untersuchungen an Zinkkathoden
1956, 54 Seiten, 10 Abb., 5 Tabellen, DM 11,40

HEFT 210
Dr. W. Porschen und Prof. Dr. W. Riezler, Bonn
Langlebige Alphaaktivitäten bei natürlichen Elementen
1955, 40 Seiten, 5 Abb., 4 Tabellen, DM 8,80

HEFT 211
Prof. Dipl.-Ing. W. Sturtzel und Dr.-Ing. W. Graff, Duisburg
Die Versuchsanstalt für Binnenschiffbau, Duisburg
1956, 48 Seiten, 22 Abb., DM 11,—

HEFT 212
Dipl.-Ing. H. Spodig, Selm
Untersuchung zur Anwendung der Dauermagnete in der Technik
1955, 44 Seiten, 25 Abb., DM 9,80

HEFT 213
Dipl.-Ing. K. F. Rittinghaus, Aachen
Zusammenstellung eines Meßwagens für Bau- und Raumakustik
in Vorbereitung

HEFT 214
Dr.-Ing. J. Endres, München
Berechnung der optimalen Leistungen, Kraftstoffverbräuche und Wirkungsgrade von Einkreis-Turbolader-Strahltriebwerken am Boden und in der Höhe bei Fluggeschwindigkeiten von 0—2000 km/h
1956, 72 Seiten, 18 Abb., 8 Tabellen, DM 15,40

HEFT 215
Prof. Dr.-Ing. H. Opitz und Dr.-Ing. G. Weber, Aachen
Einfluß der Wärmebehandlung von Baustählen auf Spanentstehung, Schnittkraft- und Standzeitverhalten
in Vorbereitung

HEFT 216
Dr. E. Kloth, Köln
Untersuchungen über die Ausbreitung kurzer Schallimpulse bei der Materialprüfung mit Ultraschall
1956, 90 Seiten, 60 Abb., 4 Tabellen, DM 19,40

HEFT 217
Rationalisierungskuratorium der Deutschen Wirtschaft (RKW), Frankfurt/Main
Typenvielzahl bei Haushaltgeräten und Möglichkeiten einer Beschränkung
1956, 328 Seiten, 2 Abb., 181 Tabellen, DM 49,50

HEFT 218
Dr. F. Keune, Aachen
Bericht über eine Theorie der Strömung um Rotationskörper ohne Anstellung bei Machzahl Eins
1955, 40 Seiten, 8 Abb., 5 Formelblätter, DM 8,80

HEFT 219
Prof. Dr. W. Fuchs, Aachen
Untersuchungen zur Holzabfallverwertung und zur Chemie des Lignins
1955, 54 Seiten, 11 Abb., 15 Tabellen, DM 11,40

WESTDEUTSCHER VERLAG · KÖLN UND OPLADEN

HEFT 220
Prof. Dr. W. Fuchs, Aachen
Die Entwicklung neuer Regel- und Kontroll-Apparate zur coulometrischen Analyse
1956, 76 Seiten, 17 Abb., 23 Tabellen, DM 15,50

HEFT 221
Dr. W. Meyer-Eppler, Bonn
Experimentelle Untersuchungen zum Mechanismus von Stimme und Gehör in der lautsprachlichen Kommunikation
1955, 56 Seiten, 24 Abb., DM 13,45

HEFT 222
Dr. L. Köllner, Münster, und Dipl.-Volkswirt M. Kaiser, Bochum
Die internationale Wettbewerbsfähigkeit der westdeutschen Wollindustrie
1956, 214 Seiten, DM 39,50

HEFT 223
Dr.-Ing. K. Alberti und Dr. F. Schwarz, Köln
Über das Problem Hartbrand - Weichbrand
1956, 54 Seiten, 25 Abb., 14 Tabellen, DM 12,10

HEFT 224
Dipl.-Ing. H. Stüdeman und Ing. R. Beu, Solingen
Verfahren zur Prüfung der Korrosionsbeständigkeit von Messerklingen aus rostfreiem Stahl
1956, 82 Seiten, 28 Abb., DM 16,90

HEFT 225
Dr.-Ing. E. Barz, Remscheid
Der Spannungszustand von Gattersägeblättern
in Vorbereitung

HEFT 226
Technisch-wissenschaftliches Büro für die Bastfaserindustrie, Bielefeld
Untersuchungen zur Verbesserung des Leinenwebstuhles IV
Die Wirkung verschiedener Kettbaumbremsen auf die Verwebung von Leinengarnen
1956, 64 Seiten, 9 Abb., 4 Tabellen, DM 13,50

HEFT 227
Prof. Dr. F. Wever, Düsseldorf und Dr. W. Wepner, Köln
Untersuchung der Alterungsneigung von weichen unlegierten Stählen durch Härteprüfung bei Temperaturen bis 300 Grad C
1956, 34 Seiten, 20 Abb., 3 Tabellen, DM 7,95

HEFT 228
Prof. Dr. F. Wever, Dr. W. Koch, Düsseldorf und Dr. B. A. Steinkopf, Dortmund
Spektrochemische Grundlagen der Analyse von Gemischen aus Kohlenmonoxyd, Wasserstoff und Stickstoff
in Vorbereitung

HEFT 229
Prof. Dr. F. Wever, Dr. W. Koch und Dr.-Ing. H. Malissa, Düsseldorf
Über die Anwendung disubstituierter Dithiocarbamate der analytischen Chemie
1956, 44 Seiten, 30 Abb., 5 Tabellen, DM 10,50

HEFT 230
Prof. Dr. F. Wever, Düsseldorf und Dr. W. Wepner, Köln
Bestimmung kleiner Kohlenstoffgehalte im Alpha-Eisen durch Dämpfungsmessung
1956, 34 Seiten, 5 Abb., 2 Tabellen, DM 7,70

HEFT 231
Dr.-Ing. W. Küch, Dortmund
Über die Wechselwirkung zwischen Holzschutzbehandlung und Verleimung
1956, 48 Seiten, 10 Abb., 8 Tabellen, DM 10,40

HEFT 232
Prof. Dr.-Ing. O. Kienzle, Hannover und Dr.-Ing. H. Münnich, Schweinfurt
Feststellung der Spannungen und Dehnungen und Bruchdrehzahlen der unter Fliehkraft und Bearbeitungskraft beanspruchten Schleifkörper
in Vorbereitung

HEFT 233
Dr. H. Haase, Hamburg
Infrarot-Bibliographie
1956, 90 Seiten, DM 17,80

HEFT 234
Dr.-Ing. K. G. Speith und Dr.-Ing. A. Bungeroth, Duisburg
Versuche zur Steigerung des Kokillen-Schluckvermögens beim Stranggießen von Stahl
1956, 26 Seiten, 5 Abb., DM 6,15

HEFT 235
Prof. Dr.-Ing. K. Leist und Dipl.-Ing. W. Dettmering, Aachen
Turbinenschaufeln aus Kunststoff für Kaltluftversuchsanlagen
1956, 46 Seiten, 43 Abb., 3 Tabellen, DM 12,30

HEFT 236
Dr.-Ing. O. Viertel und S. Lucas, Krefeld
Ergebnisse einer Hausfrauenbefragung über Wascheinrichtungen und Waschmethoden in städtischen Haushaltungen
1956, 34 Seiten, 4 Abb., DM 7,60

HEFT 237
Dr. P. Endler und Dr. H. Ludes, Köln
Bericht über eine Studienreise zur Orientierung der heutigen Behandlung der Lungentuberkulose in den Vereinigten Staaten von Nordamerika
1956, 32 Seiten, DM 7,10

HEFT 238
Institut für textile Meßtechnik, M.-Gladbach, e.V.
Untersuchung der Verzugsvorgänge an den Streckwerken verschiedener Spinnereimaschinen. 3. Bericht: Theoretische Betrachtungen über den Einfluß schlagender Zylinder und Druckrollen
in Vorbereitung

HEFT 239
Prof. Dr.-Ing. K. Leist und Dipl.-Ing. H. Scheele, Aachen und Dipl.-Ing. F. H. Flottmann, Herne
Versuche an einem neuartigen luftgekühlten Hochleistungs-Kolbenkompressor
in Vorbereitung

HEFT 240
Prof. Dr.-Ing. K. Leist und Dipl.-Ing. H. Scheele, Aachen
Temperaturmessungen an einem einstufigen luftgekühlten 4-Zylinder-Kolbenkompressor mit Kühlgebläse
in Vorbereitung

HEFT 241
Prof. Dr.-Ing. K. Leist und Dipl.-Ing. M. Pötke, Aachen
Leistungsversuche an einem Kühlluftgebläse
in Vorbereitung

HEFT 242
Prof. Dr.-Ing. K. Leist und Dipl.-Ing. K. Graf, Aachen
Straßenfahrzeuge mit Gasturbinenantrieb
in Vorbereitung

HEFT 243
Prof. Dr.-Ing. K. Leist und Dipl.-Ing. S. Förster, Aachen
Die französische Kleingasturbine Artouste — 1. Teil
in Vorbereitung

HEFT 244
Prof. Dr. F. Wever, Dr. W. Koch und Dr. S. Eckhard, Düsseldorf
Erfahrungen mit der spektrochemischen Analyse von Gefügebestandteilen des Stahles
1956, 32 Seiten, 8 Abb., 2 Tabellen, DM 7,80

HEFT 245
Prof. Dr.-Ing. K. Krekeler, Aachen
Das Verbinden von Metallen durch Kunstharzkleber. Teil I: Eigenschaften und Verwendung der Metallklebstoffe
1956, 48 Seiten, 8 Abb., DM 10,25

HEFT 246
Prof. Dr.-Ing. K. Krekeler, Aachen
Das Verbinden von Metallen durch Kunstharzkleber. Teil II: Untersuchungen an geklebten Leichtmetall-Verbindungen
in Vorbereitung

HEFT 247
Dr. H. Söhngen, Darmstadt
Strömung vor einem Überschall-Laufrad
1956, 26 Seiten, 4 Abb., DM 7,60

HEFT 248
Rheinische Aktiengesellschaft für Braunkohlenbergbau und Brikettfabrikation, Köln
Untersuchung der Bindemitteleigenschaften von Braunkohlenfilteraschen
in Vorbereitung

HEFT 249
Dr. M.-E. Meffert, Essen
Weitere Kulturversuche Scenedesmus obliquus
1956, 36 Seiten, 5 Abb., 10 Tabellen, DM 8,—

HEFT 250
Dr. F. Schwarz und Dr.-Ing. K. Alberti, Köln
Entwicklung von Untersuchungsverfahren zur Gütebeurteilung von Industriekalken
in Vorbereitung

HEFT 251
Prof. Dr. H. Bittel, Münster
Zur Statistik der ferromagnetischen Elementarvorgänge und ihren Einfluß auf das Barkhausenrauschen
in Vorbereitung

HEFT 252
Dipl.-Ing. H. Frings, Geilenkirchen
Die Wirkung abfallender Wetterführung auf Wettertemperatur, Grubengasgehalt und Staubbildung
in Vorbereitung

HEFT 253
Dipl.-Ing. S. Schirmanski, Berghausen
Stand und Auswertung der Forschungsarbeiten über Temperatur- und Feuchtigkeitsgrenzen bei der bergmännischen Arbeit
in Vorbereitung

HEFT 254
Prof. Dr. R. Danneel, Bonn
Quantitative Untersuchungen über die Entwicklung des Ehrlich-Ascitesturmos bei Inzuchtmäusen
in Vorbereitung

HEFT 255
Ing. B. v. Schlippe, Bad Nauheim
Strömung von Flüssigkeiten mit temperaturabhängiger Zähigkeit (Kühlung von Ölen)
1956, 54 Seiten, 12 Abb., 4 Tabellen, DM 11,70

HEFT 256
Prof. Dr. C. Schmieden und Dipl.-Math. K. H. Müller, Darmstadt
Die Strömung einer Quellstrecke im Halbraum — eine strenge Lösung der Navier-Stokes-Gleichungen
1956, 40 Seiten, 9 Abb., DM 8,80

HEFT 257
Prof. Dr. G. Lehmann und Dr. J. Tamm, Dortmund
Die Beeinflussung vegetativer Funktionen des Menschen durch Geräusche
in Vorbereitung

HEFT 258
Dr. H. Paul, Linz (Rhein) und Prof. Dr. O. Graf, Dortmund
Zur Frage der Unfälle im Bergbau
1956, 52 Seiten, 9 Abb., 22 Tabellen, DM 11,20

HEFT 259
Prof. Dr. W. Linke, Aachen
Strömungsvorgänge in künstlich belüfteten Räumen
1956, 52 Seiten, 37 Abb., 1 Tabelle, DM 11,80

HEFT 260
Prof. Dr. W. Kast, Freiburg (Br.), Prof. Dr. A. H. Stuart und Dipl.-Phys. H. G. Fendler, Hannover
Lichtzerstreuungsmessungen an Lösungen hochpolymerer Stoffe
in Vorbereitung

HEFT 261
Prof. Dr. W. Kast, Freiburg (Br.)
Feinstruktur-Untersuchungen an künstlichen Zellulosefasern verschiedener Herstellungsverfahren. Teil II: Der Kristallisationszustand
in Vorbereitung

HEFT 262
Dr.-Ing. W. Batel, Aachen
Untersuchungen zur Absiebung feuchter, feinkörniger Haufwerke und Schwingsieben
in Vorbereitung

HEFT 263
Prof. Dr. H. Lange und Dipl.-Phys. R. Kohlhaas, Köln
Über die Wärmeleitfähigkeit von Stählen bei hohen Temperaturen: Teil I: Literaturbericht
in Vorbereitung

HEFT 264
Prof. Dr. W. Weizel, Bonn
Durch schnelle Funkenzusammenbrüche ausgelöste Signale auf einer Leitung
1956, 26 Seiten, 4 Abb., 3 Tabellen, DM 6,10

HEFT 265
Prof. Dr. F. Micheel und Dr. R. Engel, Münster
Eine Apparatur zur elektrophoretischen Trennung von Stoffgemischen
in Vorbereitung

HEFT 266
Fliesen-Beratungsstelle Bad Godesberg-Mehlem
Güteeigenschaften keramischer Wand- und Bodenfliesen und deren Prüfmethoden
1956, 32 Seiten, DM 7,10

HEFT 267
Prof. Dr. W. Weizel und B. Brandt, Bonn
Zur Stabilität stromstarker Glimmentladungen
1956, 36 Seiten, 7 Abb., DM 8,40

HEFT 268
Prof. Dr.-Ing. G. Vogelpohl, Göttingen
Über die Tragfähigkeit von Gleitlagern und ihre Berechnung
in Vorbereitung

WESTDEUTSCHER VERLAG · KÖLN UND OPLADEN

HEFT 269
Markscheider R. Bals, Bochum
Eignung des Gebirgsankerausbaus zur Erleichterung des Streckenvortriebs im Steinkohlenbergbau
in Vorbereitung

HEFT 270
Dr. H. Krebs und Mitarbeiter, Bonn
Die Trennung von Racematen auf chromatographischem Wege
in Vorbereitung

HEFT 271
Prof. Dr.-Ing. H. Opitz und Dipl.-Ing. H. Axer, Aachen
Beeinflussung des Verschleißverhaltens bei spanenden Werkzeugen durch flüssige und gasförmige Kühlmittel und elektrische Maßnahmen
in Vorbereitung

HEFT 272
Prof. Dr. W. Fuchs und Dr. H. Dresia, Aachen
Untersuchungen über die Schnellverbrennung und Schnellvergasung fester Brennstoffe
in Vorbereitung

HEFT 273
Fa. K. W. Tacke G. m. b. H., Wuppertal-Barmen
Erfahrungen beim Verspinnen von Perlonfasern und bei der Herstellung von Trikotagen aus gesponnenem Perlon
in Vorbereitung

HEFT 274
Prof. Dr.-Ing. K. Krekeler und Dipl.-Ing. H. Verhoeven, Aachen
Qualitative Untersuchungen bei Verbindungsschweißungen mittels Lichtbogenschweißautomaten unter Verwendung von Blankdraht und Zugabe von ferromagnetischem Pulver als Umhüllung
in Vorbereitung

HEFT 275
Prof. Dr.-Ing. K. Krekeler und Dipl.-Ing. H. Verhoeven, Aachen
Qualitative Untersuchungen von Punktschweißverbindungen an Tiefzieh- und Aluminiumblechen, die nach dem Argonarc-Punktschweißverfahren hergestellt werden

HEFT 276
Fa. E. Haage, Mülheim (Ruhr)
Entwicklungsarbeiten im Apparatebau für Laboratorien
in Vorbereitung

HEFT 277
Dr.-Ing. W. Müchler, Essen
Untersuchung und zahlenmäßige Bestimmung der Schneideigenschaften von Messern mit besonderer Berücksichtigung rostfreier Messerstähle
in Vorbereitung

HEFT 278
Dipl.-Ing. J. Stelter und Dipl.-Ing. H. Kickert, Aachen
I. Sichtbarmachung von Ultraschallfeldern unter Verwendung photographischer Emulsionsschichten
II. Methode zur Bestimmung der wirklichen Temperaturverhältnisse in Flüssigkeiten während der Beschallung (Nach einer Diplom-Arbeit von H. Schnitzler)
in Vorbereitung

HEFT 279
Dr. F. Keune, Aachen
Der gewölbte und verwundene Tragflügel ohne Dicke in Schallnähe
in Vorbereitung

HEFT 280
Dipl.-Ing. J. Stelter und Dipl.-Ing. E. Pfende, Aachen
Über Störerscheinungen bei Schallgeschwindigkeitsmessungen mittels der Interferometermethode
in Vorbereitung

HEFT 281
Prof. Dr.-Ing. K. Lürenbaum, Aachen
Der Meßwagen des Instituts für Maschinen-Dynamik der Deutschen Versuchsanstalt für Luftfahrt, Aachen

HEFT 282
Bergrat a. D. Scherer, Bochum
Das B.T.-Schwelverfahren und seine Anwendung auf der Anlage Marienau
in Vorbereitung

HEFT 283
Prof. Dr. F. Wever und Dr.-Ing. W. Lueg, Düsseldorf
Warmstauchversuche zur Ermittlung der Formänderungsfestigkeit von Gesenkschmiede-Stählen

HEFT 284
Prof. Dr. F. Wever, Düsseldorf, Dr.-Ing. H. J. Wiester, Essen, Dr.-Ing. F. W. Straßburg, Duisburg, Prof. Dr.-Ing. H. Opitz, Aachen, und Dr.-Ing. K. H. Fröhlich, Köln
Einfluß des Gefüges auf die Zerspanbarkeit von Einsatz- und Vergütungsstählen
in Vorbereitung

HEFT 285
Prof. Dr.-Ing. O. Kienzle, Dr.-Ing. K. Lange, Hannover, und Dipl.-Ing. H. Meinert, Osterode
Einfluß der Oberfläche auf das Verschleißverhalten von Schmiedegesenken

HEFT 286
Dr.-Ing. K. Lange, Hannover, Dipl.-Ing. H. Meinert, Osterode, unter Mitarbeit von Dr.-Ing. H. Arend, Mülheim (Ruhr)
Verschleißverhalten hartverchromter Schmiedegesenke
in Vorbereitung

HEFT 287
Prof. Dr.-Ing. K. Krekeler, Aachen
Änderungen der mechanischen Eigenschaftswerte thermoplastischer Kunststoffe bei Beanspruchung in verschiedenen Medien
in Vorbereitung

HEFT 288
Dr. K. Brücker-Steinkuhl, Düsseldorf
Anwendung mathematisch-statistischer Verfahren in der Industrie
in Vorbereitung

HEFT 289
Prof. Dr.-Ing. H. Winterhager, Aachen
Kombinierter Widerstands- und Lichtbogen-Vakuumofen zur Verarbeitung von Titanschwamm
Prof. Dr. Dr. h. c. R. Schwarz, Aachen
Erforschung neuer Wege zur Darstellung von Titanmetall
in Vorbereitung

HEFT 290
Dr. D. Horstmann, Düsseldorf
I. Der verstärkte Angriff des Zinks auf Eisen im Temperaturgebiet um 500° C
II. Einfluß eines Antimongehaltes auf den Angriff von Zinkschmelzen auf Eisen

HEFT 291
Dr.-Ing. H. J. Wiester und Dr. D. Horstmann, Düsseldorf
Der Angriff eisengesättigter Zinkschmelzen auf silizium- und manganhaltiges Eisen
in Vorbereitung

HEFT 292
Dipl.-Ing. W. Rohs und Text.-Ing. H. Griese, Bielefeld
Webversuche an Leinenwebstühlen mit verbesserter Schaftbewegung
in Vorbereitung

HEFT 293
Prof. J. W. Korte, unter Mitarbeit von Dipl.-Ing. P. A. Mäcke und Dipl.-Ing. W. Leutzbach, Aachen
Die Leistungsfähigkeit von Verkehrsanlagen des motorisierten städtischen Straßenverkehrs
in Vorbereitung

HEFT 294
Dipl.-Ing. B. Naendorf, Essen
Untersuchungen industrieller Gasbrenner
in Vorbereitung

HEFT 295
Prof. Dr.-Ing. H. Opitz und Dipl.-Ing. H. Axer, Aachen
Untersuchung und Weiterentwicklung neuartiger elektrischer Bearbeitungsverfahren
in Vorbereitung

HEFT 296
Prof. Dr.-Ing. H. Opitz, Aachen
I. Untersuchungen an elektronischen Regelantrieben
II. Statistische Untersuchungen zur Ausnutzung von Drehbänken
in Vorbereitung

HEFT 297
Dr. K. Schaarwächter, Düsseldorf
Die Reduktion von Siliziumtetrachlorid im Lichtbogen zur nachfolgenden Silizierung von Eisenblechen
in Vorbereitung

HEFT 298
Prof. Dr.-Ing. E. Oehler, Aachen
Untersuchung von kritischen Drehzahlen, die durch Kreismomente verursacht werden
in Vorbereitung

HEFT 299
Dr. J. Fassbender und W. Hoppe, Bonn
Eine photoelektrische Nachlaufeinrichtung für Analogie-Rechenmaschinen
in Vorbereitung

HEFT 300
Prof. Dr. E. Schütz und Privatdozent Dr. H. Caspers, Münster
Tierexperimentelle Untersuchungen über die Alkoholwirkungen auf Erregbarkeit und bioelektrische Spontanaktivität der Hirnrinde
in Vorbereitung

HEFT 301
Prof. Dr. W. Weltzien, Dr. G. Cossmann und P. Diehl, Krefeld
Über die fraktionierte Fällung von Polyamiden (II)
in Vorbereitung

HEFT 302
Prof. Dr.-Ing. W. Wegener und Dipl.-Ing. Willi Zahn, Aachen
Untersuchungen von gesponnenen Garnen auf ihre Gleichmäßigkeit nach verschiedenen Meßmethoden
in Vorbereitung

HEFT 303
Prof. Dr.-Ing. S. Kiesskalt, Aachen
Das Institut der Forschungsgesellschaft Verfahrenstechnik e. V. an der Technischen Hochschule Aachen
in Vorbereitung

HEFT 304
Prof. Dr.-Ing. K. Krekeler, Düsseldorf, und Dipl.-Ing. A. Kleine-Albers, Aachen
Beitrag zur thermoelastischen Warmformbarkeit von Hart PVC
in Vorbereitung

HEFT 305
Prof. Dr.-Ing. K. Krekeler, Düsseldorf, Dr.-Ing. H. Peukert, Aachen, und Dipl.-Ing. W. Schmitz, Siegburg
Heißgas-Schweißung von Hart-Polyvinylchlorid mit Zusatzwerkstoff
in Vorbereitung

HEFT 306
Prof. Dr. B. Rensch, Münster
Elektrophysiologische Untersuchungen zur Analysierung der Bildung von Assoziationen und Gedächtnisspuren in Gehirn und Rückenmark
Prof. Dr. A. Loeser, Münster
Akute und chronische Giftwirkungen sauerstoffhaltiger Lösungsmittel
in Vorbereitung

HEFT 307
Privatdozent Dr. J. Juilfs, Krefeld
Vergleichende Untersuchungen zur elastischen und bleibenden Dehnung von Fasern
in Vorbereitung

HEFT 308
Privatdozent Dr. J. Juilfs, Krefeld
Zur Messung der Fadenglätte
in Vorbereitung

HEFT 309
Prof. Dr. K. Cruse und Mitarbeiter, Clausthal-Zellerfeld
Aufbau und Arbeitsweise eines universell verwendbaren Hochfrequenz-Titrationsgerätes
in Vorbereitung

HEFT 310
Dr. P. F. Müller, Bonn
Die Integrieranlage des Rheinisch-Westfälischen Instituts für Instrumentelle Mathematik in Bonn
in Vorbereitung

HEFT 311
Prof. Dr. F. Wever und Dr. M. Hempel, Düsseldorf
Dauerschwingfestigkeit von Stählen bei erhöhten Temperaturen
Teil I: Erkenntnisse aus bisherigen Dauerschwingversuchen in der Wärme
in Vorbereitung

HEFT 312
Prof. Dr. F. Wever und Dr. M. Hempel, Düsseldorf
Dauerschwingfestigkeit von Stählen bei erhöhten Temperaturen
Teil II: Zug-Druck-Dauerschwingversuche an zwei warmfesten Stählen bei Temperaturen von 500 bis 650°
in Vorbereitung

HEFT 313
Prof. Dr. F. Wever, Dr. W. Koch und Dipl.-Phys. H. Rohde, Düsseldorf
Änderungen des Habitus und der Gitterkonstanten des Zementits in Chromstählen bei verschiedenen Wärmebehandlungen
in Vorbereitung

WESTDEUTSCHER VERLAG · KÖLN UND OPLADEN

HEFT 314
Prof. Dr. F. Wever und Dr.-Ing. A. Krisch, Düsseldorf, und Dr.-Ing. H.-J. Wiester, Essen
Veränderungen im Gefügeaufbau von Chrom-Nickel-Molybdän-Stählen bei langzeitiger Beanspruchung im Zeitstandversuch bei 500°
in Vorbereitung

HEFT 315
Prof. Dr. F. Wever und Dr.-Ing. A. Krisch, Düsseldorf
Metallkundliche Untersuchungen an Zeitstandproben
in Vorbereitung

HEFT 316
Dr. F. Keune, Aachen
Zusammenfassende Darstellung und Erweiterung des Aequivalenzsatzes für schallnahe Strömung
in Vorbereitung

HEFT 317
Dr.-Ing. J. Stelter, Aachen
Mikrobiologische Ultraschallwirkungen
in Vorbereitung

HEFT 318
Dipl.-Ing. H. Kickert, Aachen
Über die Ausbreitung von Ultraschall in Luft
in Vorbereitung

HEFT 319
Prof. Dr. C. Kröger, Aachen
Gemengereaktionen und Glasschmelze
in Vorbereitung

HEFT 320
Dr. H.-E. Caspary, Köln
Verwendung von Szintillationszählern anstelle von Zählrohren zur zerstörungsfreien Materialprüfung
in Vorbereitung

HEFT 321
Prof. Dr. F. Wever, Düsseldorf und Dr. W. Wepner, Köln
Gleichzeitige Bestimmung kleiner Kohlenstoff- und Stickstoffgehalte im α-Eisen durch Dämpfungsmessung
in Vorbereitung

HEFT 322
Prof. Dr.-Ing. F. Bollenrath und Dipl.-Ing. W. Domke, Aachen
Eigenspannungen in vergüteten, dickwandigen Stahlzylindern nach Oberflächenhärtung mit induktiver Erwärmung
in Vorbereitung

HEFT 323
Prof. Dr. R. Seyffert, Köln
Wege und Kosten der Distribution der Textilien, Schuh- und Lederwaren
in Vorbereitung

HEFT 324
Prof. Dr.-Ing. H. Opitz, Dr.-Ing. E. Salje und Dipl.-Ing. K. E. Schwartz, Aachen
Richtwerte für das Außenrund-Längs- und Einstechschleifen
in Vorbereitung

HEFT 325
Prof. Dr. E. Schratz, Münster
Pharmakognostische Untersuchungen am Medizinal-Rhabarber
in Vorbereitung

HEFT 326
Prof. Dr.-Ing. E. Essers und Mitarbeiter, Aachen
Deichselkräfte an Lastzügen
in Vorbereitung

HEFT 327
Prof. Dr.-Ing. K. Krekeler und Dr.-Ing. H. Peukert, Aachen
Beitrag zur thermoelastischen Formbarkeit von Polyäthylen
in Vorbereitung

HEFT 328
Dr. H. Maeder, Belo Horizonte
Schweißen von Temperguß
in Vorbereitung

HEFT 329
Dipl.-Ing. A. Krüger, Karlsruhe, und Feuerwehr-Ing. R. Radusch, Dortmund
Wasserzerstäubung im Strahlrohr
in Vorbereitung

HEFT 330
Dipl.-Physiker E. Pepping, Aachen
Die Durchflußzahl des Rechteckschlitzes in einer sehr großen Wand
in Vorbereitung

HEFT 331
Dipl.-Ing. G. Bretschneider, Ruit
Die Messung der wiederkehrenden Spannung mit Hilfe des Netzmodelles
in Vorbereitung

HEFT 332
Prof. Dr.-Ing. R. Jaeckel und Dr. G. Reich, Bonn
Messung von Dampfdrucken im Gebiet unter 10^{-2} Torr
in Vorbereitung

HEFT 333
Prof. Dipl.-Ing. W. Sturtzel und Dr.-Ing. W. Graff, Duisburg
I. Der Flachwassereinfluß auf den Form- und Reibungswiderstand von Binnenschiffen
II. Der Flachwassereinfluß auf die Nachstrom- und Sogverhältnisse bei Binnenschiffen
in Vorbereitung

HEFT 334
Prof. Dr. W. Weizel und Dr. G. Meister, Bonn
Spektralanalyse durch Messung des Interferenz-Kontrasts
in Vorbereitung

HEFT 335
Prof. Dr. W. Weizel und H. Hornberg, Bonn
Untersuchungen der anodischen Teile einer Glimmentladung
in Vorbereitung

HEFT 336
Dr. Tung-ping Yao, Aachen
Die Viskosität metallischer Schmelzen
in Vorbereitung

HEFT 337
Dr. R. Hoeppener und Dr. W. Bierther, Bonn
Tektonik und Lagerstätten im Rheinischen Schiefergebirge
in Vorbereitung

HEFT 338
Prof. Dr.-Ing. W. Wegener, Aachen, und Dipl.-Ing. J. Schneider, M.-Gladbach
Die Bedeutung der Knotenart für die Herabminderung der Fadenbrüche
in Vorbereitung

HEFT 339
Prof. Dr.-Ing. W. Wegener und Dipl.-Ing. W. Zahn, Aachen
Vergleich des normalen mit verschiedenen abgekürzten Baumwollspinnverfahren in bezug auf Gleichmäßigkeit und Sortierungsstreuung der Garne
in Vorbereitung

HEFT 340
Dipl.-Ing. W. Rohs und Dipl.-Ing. R. Otto, Bielefeld
Das Naßspinnen von Bastfasergarnen mit Spinnbadzusätzen unter Ausnutzung einer zentralen Spinnwasserversorgungsanlage
in Vorbereitung

HEFT 341
Prof. Dr.-Ing. H. Winterhager und Dipl.-Ing. L. Werner, Aachen
Präzisions-Meßverfahren zur Bestimmung des elektrischen Leitvermögens geschmolzener Salze
in Vorbereitung

HEFT 342
Prof. Dr.-Ing. H. Winterhager und Dipl.-Ing. W. Barthel, Aachen
Die Gewinnung von Titanschlackenkonzentraten aus eisenreichen Ilemniten
in Vorbereitung

HEFT 343
Prof. Dr.-Ing. W. Petersen, Aachen, und Dipl.-Ing. S. Wawroschek, Aachen
Die zweckmäßigsten Gütebestimmungsverfahren und Brikettierungsbedingungen bei der Erzeugung von Braunkohlen-Eisenerz-Briketts
in Vorbereitung

HEFT 344
Prof. Dr.-Ing. W. Fucks, Aachen
Zur Deutung einfachster mathematischer Sprachcharakteristiken
in Vorbereitung

HEFT 345
Dipl.-Ing. G. Cerbe und Dipl.-Ing. H. Monstadt, Essen
Konvektive Trocknung mit gasbeheizter Luft und Trocknung durch Gasstrahler
in Vorbereitung

HEFT 346
Dipl.-Ing. O. Arnold, Aachen
Erfahrungen mit Kernbohrungen zur Lagerstättenuntersuchung im Erzbergbau
in Vorbereitung

HEFT 347
S. Ruff, F. Kipp, H. Hansteen und G. Müller, Bonn
Untersuchungen zur Frage der Gehörschädigungen des fliegenden Personals der Propellerflugzeuge
in Vorbereitung

WESTDEUTSCHER VERLAG · KÖLN UND OPLADEN

VERÖFFENTLICHUNGEN DER ARBEITSGEMEINSCHAFT FÜR FORSCHUNG DES LANDES NORDRHEIN-WESTFALEN

NATURWISSENSCHAFTEN

Im Auftrage des Ministerpräsidenten Fritz Steinhoff
herausgegeben von Staatssekretär Prof. Leo Brandt

HEFT 1
Prof. Dr.-Ing. Friedrich Seewald, Aachen
Neue Entwicklungen auf dem Gebiet der Antriebsmaschinen
Prof. Dr.-Ing. Friedrich A. F. Schmidt, Aachen
Technischer Stand und Zukunftsaussichten der Verbrennungsmaschinen, insbesondere der Gasturbinen
Dr.-Ing. Rudolf Friedrich, Mülheim (Ruhr)
Möglichkeiten und Voraussetzungen der industriellen Verwertung der Gasturbine
1951, 52 Seiten, 15 Abb., kartoniert, DM 2,75

HEFT 2
Prof. Dr.-Ing. Wolfgang Riezler, Bonn
Probleme der Kernphysik
Prof. Dr. Fritz Micheel, Münster
Isotope als Forschungsmittel in der Chemie und Biochemie
1951, 40 Seiten, 10 Abb., kartoniert, DM 2,40

HEFT 3
Prof. Dr. Emil Lehnartz, Münster
Der Chemismus der Muskelmaschine
Prof. Dr. Gunther Lehmann, Dortmund
Physiologische Forschung als Voraussetzung der Bestgestaltung der menschlichen Arbeit
Prof. Dr. Heinrich Kraut, Dortmund
Ernährung und Leistungsfähigkeit
1951, 60 Seiten, 35 Abb., kartoniert, DM 3,50

HEFT 4
Prof. Dr. Franz Wever, Düsseldorf
Aufgaben der Eisenforschung
Prof. Dr.-Ing. Hermann Schenck, Aachen
Entwicklungslinien des deutschen Eisenhüttenwesens
Prof. Dr.-Ing. Max Haas, Aachen
Wirtschaftliche Bedeutung der Leichtmetalle und ihre Entwicklungsmöglichkeiten
1952, 60 Seiten, 20 Abb., kartoniert, DM 3,50

HEFT 5
Prof. Dr. Walter Kikuth, Düsseldorf
Virusforschung
Prof. Dr. Rolf Danneel, Bonn
Fortschritte der Krebsforschung
Prof. Dr. Dr. Werner Schulemann, Bonn
Wirtschaftliche und organisatorische Gesichtspunkte für die Verbesserung unserer Hochschulforschung
1952, 50 Seiten, 2 Abb., kartoniert, DM 2,75

HEFT 6
Prof. Dr. Walter Weizel, Bonn
Die gegenwärtige Situation der Grundlagenforschung in der Physik
Prof. Dr. Siegfried Strugger, Münster
Das Duplikantenproblem in der Biologie
Direktor Dr. Fritz Gummert, Essen
Überlegungen zu den Faktoren Raum und Zeit im biologischen Geschehen und Möglichkeiten einer Nutzanwendung
1952, 64 Seiten, 20 Abb., kartoniert, DM 3,—

HEFT 7
Prof. Dr.-Ing. August Götte, Aachen
Steinkohle als Rohstoff und Energiequelle
Prof. Dr. Dr. E. h. Karl Ziegler, Mülheim (Ruhr)
Über Arbeiten des Max-Planck-Institutes für Kohlenforschung
1953, 66 Seiten, 4 Abb., kartoniert, DM 3,60

HEFT 8
Prof. Dr.-Ing. Wilhelm Fucks, Aachen
Die Naturwissenschaft, die Technik und der Mensch
Prof. Dr. Walther Hoffmann, Münster
Wirtschaftliche und soziologische Probleme des technischen Fortschritts
1952, 84 Seiten, 12 Abb., kartoniert, DM 4,80

HEFT 9
Prof. Dr.-Ing. Franz Bollenrath, Aachen
Zur Entwicklung warmfester Werkstoffe
Prof. Dr. Heinrich Kaiser, Dortmund
Stand spektralanalytischer Prüfverfahren und Folgerung für deutsche Verhältnisse
1952, 100 Seiten, 62 Abb., kartoniert, DM 6,—

HEFT 10
Prof. Dr. Hans Braun, Bonn
Möglichkeiten und Grenzen der Resistenzzüchtung
Prof. Dr.-Ing. Carl Heinrich Dencker, Bonn
Der Weg der Landwirtschaft von der Energieautarkie zur Fremdenergie
1952, 74 Seiten, 23 Abb., kartoniert, DM 4,30

HEFT 11
Prof. Dr.-Ing. Herwart Opitz, Aachen
Entwicklungslinien der Fertigungstechnik in der Metallbearbeitung
Prof. Dr.-Ing. Karl Krekeler, Aachen
Stand und Aussichten der schweißtechnischen Fertigungsverfahren
1952, 72 Seiten, 49 Abb., kartoniert, DM 5,—

HEFT 12
Dr. Hermann Rathert, Wuppertal-Elberfeld
Entwicklung auf dem Gebiet der Chemiefaser-Herstellung
Prof. Dr. Wilhelm Weltzien, Krefeld
Rohstoff und Veredlung in der Textilwirtschaft
1952, 84 Seiten, 29 Abb., kartoniert, DM 4,80

HEFT 13
Dr.-Ing. E. h. Karl Herz, Frankfurt a. M.
Die technischen Entwicklungstendenzen im elektrischen Nachrichtenwesen
Staatssekretär Prof. Leo Brandt, Düsseldorf
Navigation und Luftsicherung
1952, 102 Seiten, 97 Abb., kartoniert, DM 7,25

HEFT 14
Prof. Dr. Burckhardt Helferich, Bonn
Stand der Enzymchemie und ihre Bedeutung
Prof. Dr. Hugo Wilhelm Knipping, Köln
Ausschnitt aus der klinischen Carcinomforschung am Beispiel des Lungenkrebses
1952, 72 Seiten, 12 Abb., kartoniert, DM 4,30

HEFT 15
Prof. Dr. Abraham Esau †, Aachen
Ortung mit elektrischen und Ultraschallwellen in Technik und Natur
Prof. Dr.-Ing. Eugen Flegler, Aachen
Die ferromagnetischen Werkstoffe der Elektrotechnik und ihre neueste Entwicklung
1953, 84 Seiten, 25 Abb., kartoniert, DM 4,80

HEFT 16
Prof. Dr. Rudolf Seyffert, Köln
Die Problematik der Distribution
Prof. Dr. Theodor Beste, Köln
Der Leistungslohn
1952, 70 Seiten, 1 Abb., kartoniert, DM 3,50

HEFT 17
Prof. Dr.-Ing. Friedrich Seewald, Aachen
Luftfahrtforschung in Deutschland und ihre Bedeutung für die allgemeine Technik
Prof. Dr.-Ing. Edouard Houdremont, Essen
Art und Organisation der Forschung in einem Industrieforschungsinstitut der Eisenindustrie
1953, 90 Seiten, 4 Abb., kartoniert, DM 4,20

HEFT 18
Prof. Dr. Dr. Werner Schulemann, Bonn
Theorie und Praxis pharmakologischer Forschung
Prof. Dr. Wilhelm Groth, Bonn
Technische Verfahren zur Isotopentrennung
1953, 72 Seiten, 17 Abb., kartoniert, DM 4,—

HEFT 19
Dipl.-Ing. Kurt Traenckner, Essen
Entwicklungstendenzen der Gaserzeugung
1953, 26 Seiten, 12 Abb., kartoniert, DM 1,60

HEFT 20
M. Zvegintzow, London
Wissenschaftliche Forschung und die Auswertung ihrer Ergebnisse
Ziel und Tätigkeit der National Research Development Corporation
Dr. Alexander King, London
Wissenschaft und internationale Beziehungen
1954, 88 Seiten, kartoniert, DM 4,20

HEFT 21
Prof. Dr. Robert Schwarz, Aachen
Wesen und Bedeutung der Silicium-Chemie
Prof. Dr. Dr. h. c. Kurt Alder, Köln
Fortschritte in der Synthese von Kohlenstoffverbindungen
1954, 76 Seiten, 49 Abb., kartoniert, DM 4,--

HEFT 21a
Prof. Dr. Dr. h. c. Otto Hahn, Göttingen
Die Bedeutung der Grundlagenforschung für die Wirtschaft
Prof. Dr. Siegfried Strugger, Münster
Die Erforschung des Wasser- und Nährsalztransportes im Pflanzenkörper mit Hilfe der fluoreszenzmikroskopischen Kinematographie
1953, 74 Seiten, 26 Abb., kartoniert, DM 5,—

HEFT 22
Prof. Dr. Johannes von Allesch, Göttingen
Die Bedeutung der Psychologie im öffentlichen Leben
Prof. Dr. Otto Graf, Dortmund
Triebfedern menschlicher Leistung
1953, 80 Seiten, 19 Abb., kartoniert, DM 4,—

HEFT 23
Prof. Dr. Dr. h. c. Bruno Kuske, Köln
Zur Problematik der wirtschaftswissenschaftlichen Raumforschung
Prof. Dr.-Ing. E. h. Stephan Prager, Düsseldorf
Städtebau und Landesplanung
1954, 84 Seiten, kartoniert, DM 3,50

HEFT 24
Prof. Dr. Rolf Danneel, Bonn
Über die Wirkungsweise der Erbfaktoren
Prof. Dr. Kurt Herzog, Krefeld
Bewegungsbedarf der menschlichen Gliedmaßengelenke bei der Berufsarbeit
1953, 76 Seiten, 18 Abb., kartoniert, DM 4,—

WESTDEUTSCHER VERLAG · KÖLN UND OPLADEN

HEFT 25
Prof. Dr. Otto Haxel, Heidelberg
Energiegewinnung aus Kernprozessen
Dr.-Ing. Dr. Max Wolf, Düsseldorf
Gegenwartsprobleme der energiewirtschaftlichen Forschung
1953, 98 Seiten, 27 Abb., kartoniert, DM 5,25

HEFT 26
Prof. Dr. Friedrich Becker, Bonn
Ultrakurzwellenstrahlung aus dem Weltraum
Dr. Hans Straßl, Bonn
Bemerkenswerte Doppelsterne und das Problem der Sternentwicklung
1954, 70 Seiten, 8 Abb., kartoniert, DM 3,60

HEFT 27
Prof. Dr. Heinrich Behnke, Münster
Der Strukturwandel der Mathematik in der ersten Hälfte des 20. Jahrhunderts
Prof. Dr. Emanuel Sperner, Hamburg
Eine mathematische Analyse der Luftdruckverteilungen in großen Gebieten
1956, 96 Seiten, 12 Abb., 5 Tab., kartoniert, DM 5,—

HEFT 28
Prof. Dr. Oskar Niemczyk, Aachen
Die Problematik gebirgsmechanischer Vorgänge im Steinkohlenbergbau
Prof. Dr. Wilhelm Ahrens, Krefeld
Die Bedeutung geologischer Forschung für die Wirtschaft, besonders in Nordrhein-Westfalen
1955, 96 Seiten, 12 Abb., kartoniert, DM 5,25

HEFT 29
Prof. Dr. Bernhard Rensch, Münster
Das Problem der Residuen bei Lernleistungen
Prof. Dr. Hermann Fink, Köln
Über Leberschäden bei der Bestimmung des biologischen Wertes verschiedener Eiweiße von Mikroorganismen
1954, 96 Seiten, 23 Abb., kartoniert, DM 5,25

HEFT 30
Prof. Dr.-Ing. Friedrich Seewald, Aachen
Forschungen auf dem Gebiete der Aerodynamik
Prof. Dr.-Ing. Karl Leist, Aachen
Einige Forschungsarbeiten aus der Gasturbinentechnik
1955, 98 Seiten, 45 Abb., kartoniert, DM 7,—

HEFT 31
Prof. Dr.-Ing. Dr. h. c. Fritz Mietzsch, Wuppertal
Chemie und wirtschaftliche Bedeutung der Sulfonamide
Prof. Dr. Dr. h. c. Gerhard Domagk, Wuppertal
Die experimentellen Grundlagen der bakteriellen Infektionen
1954, 82 Seiten, 2 Abb., kartoniert, DM 4,—

HEFT 32
Prof. Dr. Hans Braun, Bonn
Die Verschleppung von Pflanzenkrankheiten und -schädigungen über die Welt
Prof. Dr. Wilhelm Rudorf, Voldagsen
Der Beitrag von Genetik und Züchtung zur Bekämpfung von Viruskrankheiten der Nutzpflanzen
1953, 88 Seiten, 36 Abb., kartoniert, DM 5,—

HEFT 33
Prof. Dr.-Ing. Volker Aschoff, Aachen
Probleme der elektroakustischen Einkanalübertragung
Prof. Dr.-Ing. Herbert Döring, Aachen
Erzeugung und Verstärkung von Mikrowellen
1954, 74 Seiten, 23 Abb., kartoniert, DM 4,30

HEFT 34
Geheimrat Prof. Dr. Dr. Rudolf Schenck, Aachen
Bedingungen und Gang der Kohlenhydratsynthese im Licht
Prof. Dr. Emil Lehnartz, Münster
Die Endstufen des Stoffabbaues im Organismus
1954, 80 Seiten, 11 Abb., kartoniert, DM 4,20

HEFT 35
Prof. Dr.-Ing. Hermann Schenck, Aachen
Gegenwartsprobleme der Eisenindustrie in Deutschland
Prof. Dr.-Ing. Eugen Piwowarsky †, Aachen
Gelöste und ungelöste Probleme im Gießereiwesen
1954, 110 Seiten, 67 Abb., kartoniert, DM 6,50

HEFT 36
Prof. Dr. Wolfgang Riezler, Bonn
Teilchenbeschleuniger
Prof. Dr. Gerhard Schubert, Hamburg
Anwendung neuer Strahlenquellen in der Krebstherapie
1954, 104 Seiten, 43 Abb., kartoniert, DM 7,—

HEFT 37
Prof. Dr. Franz Lotze, Münster
Probleme der Gebirgsbildung
Bergwerksdirektor Bergassessor a.D. G. Rauschenbach, Essen
Die Erhaltung der Förderungskapazität des Ruhrbergbaues auf lange Sicht
in Vorbereitung

HEFT 38
Dr. E. Colin Cherry, London
Kybernetik
Prof. Dr. Erich Pietsch, Clausthal-Zellerfeld
Dokumentation und mechanisches Gedächtnis — zur Frage der Ökonomie der geistigen Arbeit
1954, 108 Seiten, 31 Abb., kartoniert, DM 5,25

HEFT 39
Dr. Heinz Haase, Hamburg
Infrarot und seine technischen Anwendungen
Prof. Dr. Abraham Esau †, Aachen
Ultraschall und seine technischen Anwendungen
1955, 80 Seiten, 25 Abb., kartoniert, DM 4,80

HEFT 40
Bergassessor Fritz Lange, Bochum-Hordel
Die wirtschaftliche und soziale Bedeutung der Silikose im Bergbau
Prof. Dr. Walter Kikuth, Düsseldorf
Die Entstehung der Silikose und ihre Verhütungsmaßnahmen
1954, 120 Seiten, 40 Abb., kartoniert, DM 7,25

HEFT 40a
Prof. Dr. Eberhard Gross, Bonn
Berufskrebs und Krebsforschung
Prof. Dr. Hugo Wilhelm Knipping, Köln
Die Situation der Krebsforschung vom Standpunkt der Klinik
1955, 88 Seiten, 31 Abb., kartoniert, DM 5,—

HEFT 41
Direktor Dr.-Ing. Gustav-Victor Lachmann, London
An einer neuen Entwicklungsschwelle im Flugzeugbau
Direktor Dr.-Ing. A. Gerber, Zürich-Oerlikon
Stand der Entwicklung der Raketen- und Lenktechnik
1955, 88 Seiten, 44 Abb., kartoniert, DM 6,—

HEFT 42
Prof. Dr. Theodor Kraus, Köln
Lokalisationsphänomene und Raumordnung vom Standpunkt der geographischen Wissenschaft
Direktor Dr. Fritz Gummert, Essen
Vom Ernährungsversuchsfeld der Kohlenstoffbiologischen Forschungsstation Essen
in Vorbereitung

HEFT 42a
Prof. Dr. Dr. h. c. Gerhard Domagk, Wuppertal
Fortschritte auf dem Gebiet der experimentellen Krebsforschung
1954, 46 Seiten, kartoniert, DM 2,—

HEFT 43
Prof. Giovanni Lampariello, Rom
Über Leben und Werk von Heinrich Hertz
Prof. Dr. Walter Weizel, Bonn
Über das Problem der Kausalität in der Physik
1955, 76 Seiten kartoniert, DM 3,30

HEFT 43a
Prof. Dr. José Mª Albareda, Madrid
Die Entwicklung der Forschung in Spanien
in Vorbereitung

HEFT 44
Prof. Dr. Burckhardt Helferich, Bonn
Über Glykoside
Prof. Dr. Fritz Micheel, Münster
Kohlenhydrat-Eiweiß-Verbindungen und ihre biochemische Bedeutung
in Vorbereitung

HEFT 45
Prof. Dr. John von Neumann, Princeton, USA
Entwicklung und Ausnutzung neuerer mathematischer Maschinen
Prof. Dr. E. Stiefel, Zürich
Rechenautomaten im Dienste der Technik mit Beispielen aus dem Züricher Institut für angewandte Mathematik
1955, 74 Seiten, 6 Abb., kartoniert, DM 3,50

HEFT 46
Prof. Dr. Wilhelm Weltzien, Krefeld
Ausblick auf die Entwicklung synthetischer Fasern
Prof. Dr. Walther Hoffmann, Münster
Wachstumsformen der Industriewirtschaft
in Vorbereitung

HEFT 47
Staatssekretär Prof. Leo Brandt, Düsseldorf
Die praktische Förderung der Forschung in Nordrhein-Westfalen
Prof. Dr. Ludwig Raiser, Bad Godesberg
Die Förderung der angewandten Forschung durch die Deutsche Forschungsgemeinschaft
in Vorbereitung

HEFT 48
Dr. Hermann Tromp, Rom
Bestandsaufnahme der Wälder der Welt als internationale und wissenschaftliche Aufgabe
Prof. Dr. Franz Heske, Schloß Reinbek
Die Wohlfahrtswirkungen des Waldes als internationales Problem
in Vorbereitung

HEFT 49
Präsident Dr. G. Böhnecke, Hamburg
Zeitfragen der Ozeanographie
Reg.-Direktor Dr. H. Gabler, Hamburg
Nautische Technik und Schiffssicherheit
1955, 120 Seiten, 49 Abb., kartoniert, DM 7,50

HEFT 50
Prof. Dr.-Ing. Friedrich A. F. Schmidt, Aachen
Probleme der Selbstzündung und Verbrennung bei der Entwicklung der Hochleistungskraftmaschinen
Prof. Dr.-Ing. A. W. Quick, Aachen
Ein Verfahren zur Untersuchung des Austauschvorganges in verwirbelten Strömungen hinter Körpern mit abgelöster Strömung
in Vorbereitung

HEFT 51
Prof. Dr. Siegfried Strugger, Münster
Struktur, Entwicklungsgeschichte und Physiologie der Chloroplasten
Direktor Dr. J. Pätzold, Erlangen
Therapeutische Anwendung mechanischer und elektrischer Energie
in Vorbereitung

HEFT 52
Mr. Patmore, London
Lufttüchtigkeit und technische Prüfung der Flugzeuge in England
Prof. A. D. Young, Cranfield
Die Ausbildung des Ingenieurnachwuchses auf dem Luftfahrtgebiet in England
in Vorbereitung

JAHRESFEIER 1955
Prof. Dr. Josef Pieper, Münster
Über den Philosophie-Begriff Platons
Prof. Dr. Walter Weizel, Bonn
Die Mathematik und die physikalische Realität
1955, 62 Seiten, kartoniert, DM 2,90

HEFT 52a
Dr. D. C. Martin, London
Geschichte und Organisation der Royal Society
Dr. Roux, Südafrika
Probleme der wissenschaftlichen Forschung in der Südafrikanischen Union
in Vorbereitung

HEFT 53
Prof. Dr.-Ing. Georg Schnadel, Hamburg
Forschungsaufgaben zur Untersuchung der Festigkeitsprobleme im Schiffbau
Prof. Dipl.-Ing. Wilhelm Sturtzel, Duisburg
Forschungsaufgaben zur Untersuchung der Widerstandsprobleme im Schiffbau
in Vorbereitung

HEFT 53a
Prof. Giovanni Lampariello, Rom
Von Galilei zu Einstein
1956, 92 Seiten, kartoniert, DM 4,20

HEFT 54
Prof. Dr. Julius Bartels, Göttingen
Sonne und Erde — das Thema des internationalen geophysikalischen Jahres
Direktor Dr. Walter Dieminger, Lindau/Harz
Ionosphäre und drahtloser Weitverkehr

HEFT 54a
Sir John Cockcroft, London
Die friedliche Anwendung der Kernenergie
in Vorbereitung

HEFT 55
Prof. Dr.-Ing. Fritz Schultz-Grunow, Aachen
Das Kriechen und Fließen hochzäher und plastischer Stoffe
Prof. Dr.-Ing. Hans Ebner, Aachen
Wege und Ziele der Festigkeitsforschung besonders im Hinblick auf den Leichtbau
in Vorbereitung

WESTDEUTSCHER VERLAG · KÖLN UND OPLADEN

HEFT 56
Prof. Dr. Ernst Derra, Düsseldorf
Der Entwicklungsstand der Herzchirurgie
Prof. Dr. Gunther Lehmann, Dortmund
Muskelarbeit und Muskelermüdung in Theorie und Praxis
in Vorbereitung

HEFT 57
Prof. Dr. Theodor von Kármán, Pasadena
Freiheit und Organisation in der Luftfahrtforschung
in Vorbereitung

HEFT 58
Prof. Dr. Fritz Schröter, Ulm
Neue Forschungs- und Entwicklungsrichtungen im Fernsehen
Prof. Dr. Albert Narath, Berlin
Der gegenwärtige Stand der Filmtechnik
in Vorbereitung

HEFT 59
Prof. Dr. Richard Courant, New York
Die Bedeutung der modernen mathematischen Rechenmaschinen für mathematische Probleme der Hydrodynamik und Reaktortechnik
Prof. Dr. Ernst Peschl, Bonn
Die Rolle der komplexen Zahlen in der Mathematik und die Bedeutung der komplexen Analysis
in Vorbereitung

VERÖFFENTLICHUNGEN DER ARBEITSGEMEINSCHAFT FÜR FORSCHUNG DES LANDES NORDRHEIN-WESTFALEN

GEISTESWISSENSCHAFTEN

Im Auftrage des Ministerpräsidenten Fritz Steinhoff
herausgegeben von Staatssekretär Prof. Leo Brandt

HEFT 1
Prof. Dr. Werner Richter, Bonn
Die Bedeutung der Geisteswissenschaften für die Bildung unserer Zeit
Prof. Dr. Joachim Ritter, Münster
Die aristotelische Lehre vom Ursprung und Sinn der Theorie
1953, 64 Seiten, kartoniert, DM 2,90

HEFT 2
Prof. Dr. Josef Kroll, Köln
Elysium
Prof. Dr. Günther Jachmann, Köln
Die vierte Ekloge Vergils
1953, 72 Seiten, kartoniert, DM 2,90

HEFT 3
Prof. Dr. Hans Erich Stier, Münster
Die klassische Demokratie
1954, 100 Seiten, kartoniert, DM 4,50

HEFT 4
Prof. Dr. Werner Caskel, Köln
Lihyan und Lihyanisch. Sprache und Kultur eines früharabischen Königreiches
1954, 168 Seiten, 6 Abb., kartoniert, DM 8,25

HEFT 5
Prof. Dr. Thomas Ohm, Münster
Stammesreligionen im südlichen Tanganyika-Territorium
1953, 80 Seiten, 25 Abb., kartoniert, DM 8,—

HEFT 6
Prälat Prof. Dr. Dr. h. c. Georg Schreiber, Münster
Deutsche Wissenschaftspolitik von Bismarck bis zum Atomwissenschaftler Otto Hahn
1954, 102 Seiten, 7 Bilder, kartoniert, DM 5,—

HEFT 7
Prof. Dr. Walter Holtzmann, Bonn
Das mittelalterliche Imperium und die werdenden Nationen
1953, 28 Seiten, kartoniert, DM 1,30

HEFT 8
Prof. Dr. Werner Caskel, Köln
Die Bedeutung der Beduinen in der Geschichte der Araber
1954, 44 Seiten, kartoniert, DM 2,—

HEFT 9
Prälat Prof. Dr. Dr. h. c. Georg Schreiber, Münster
Irland im deutschen und abendländischen Sakralraum

HEFT 10
Prof. Dr. Peter Rassow, Köln
Forschungen zur Reichsidee im 16. und 17. Jahrhundert
1955, 32 Seiten, kartoniert, DM 1,50

HEFT 11
Prof. Dr. Hans Erich Stier, Münster
Roms Aufstieg zur Weltherrschaft
in Vorbereitung

HEFT 12
Prof. D. Karl Heinrich Rengstorf, Münster
Mann und Frau im Urchristentum
Prof. Dr. Hermann Conrad, Bonn
Grundprobleme einer Reform des Familienrechts
1954, 106 Seiten, kartoniert, DM 4,50

HEFT 13
Prof. Dr. Max Braubach, Bonn
Der Weg zum 20. Juli 1944
1953, 48 Seiten, kartoniert, DM 2,20

HEFT 14
Prof. Dr. Paul Hübinger, Münster
Das deutsch-französische Verhältnis und seine mittelalterlichen Grundlagen
in Vorbereitung

HEFT 15
Prof. Dr. Franz Steinbach, Bonn
Der geschichtliche Weg des wirtschaftenden Menschen in die soziale Freiheit und politische Verantwortung
1954, 76 Seiten, kartoniert, DM 2,90

HEFT 16
Prof. Dr. Josef Koch, Köln
Die Ars coniecturalis des Nikolaus von Cues
1956, 56 Seiten, 2 Abb., kartoniert, DM 2,90

HEFT 17
Prof. Dr. James Conant,
US-Hochkommissar für Deutschland
Staatsbürger und Wissenschaftler
Prof. Dr. Karl Heinrich Rengstorf, Münster
Antike und Christentum
1953, 48 Seiten, 2 Abb., kartoniert, DM 2,90

HEFT 18
Prof. Dr. Richard Alewyn, Köln
Klopstocks Publikum
in Vorbereitung

HEFT 19
Prof. Dr. Fritz Schalk, Köln
Das Lächerliche in der französischen Literatur des Ancien Régime
1954, 42 Seiten, kartoniert, DM 2,—

HEFT 20
Prof. Dr. Ludwig Raiser, Bad Godesberg
Rechtsfragen der Mitbestimmung
1954, 48 Seiten, kartoniert, DM 2,—

HEFT 21
Prof. D. Martin Noth, Bonn
Das Geschichtsverständnis der alttestamentlichen Apokalyptik
1953, 36 Seiten, kartoniert, DM 1,60

HEFT 22
Prof. Dr. Walter F. Schirmer, Bonn
Glück und Ende des Königs in Shakespeares Historien
1954, 32 Seiten, kartoniert, DM 1,50

HEFT 23
Prof. Dr. Günther Jachmann, Köln
Der homerische Schiffskatalog und die Ilias
in Vorbereitung

HEFT 24
Prof. Dr. Theodor Klauser, Bonn
Die römischen Petrustraditionen im Lichte der neuen Ausgrabungen unter der Peterskirche
in Vorbereitung

HEFT 25
Prof. Dr. Hans Peters, Köln
Die Gewaltentrennung in moderner Sicht
1955, 48 Seiten, kartoniert, DM 2,20

HEFT 26
Prof. Dr. Fritz Schalk, Köln
Calderon und die Mythologie
in Vorbereitung

HEFT 27
Prof. Dr. Josef Kroll, Köln
Vom Leben geflügelter Worte
in Vorbereitung

WESTDEUTSCHER VERLAG · KÖLN UND OPLADEN

HEFT 28
Prof. Dr. Thomas Ohm, Münster
Die Religionen in Asien
1954, 50 Seiten, 4 Abb., kartoniert, DM 5,—

HEFT 29
Prof. Dr. Johann Leo Weisgerber, Bonn
Die Ordnung der Sprache im persönlichen und öffentlichen Leben
1955, 64 Seiten, kartoniert, DM 2,90

HEFT 30
Prof. Dr. Werner Caskel, Köln
Entdeckungen in Arabien
1954, 44 Seiten, kartoniert, DM 2,—

HEFT 31
Prof. Dr. Max Braubach, Bonn
Entstehung und Entwicklung der landesgeschichtlichen Bestrebungen und historischen Vereine im Rheinland
1955, 32 Seiten, kartoniert, DM 1,60

HEFT 32
Prof. Dr. Fritz Schalk, Köln
Somnium und verwandte Wörter in den romanischen Sprachen
1955, 48 Seiten, 3 Abb., kartoniert, DM 2,50

HEFT 33
Prof. Dr. Friedrich Dessauer, Frankfurt a. M.
Erbe und Zukunft des Abendlandes
in Vorbereitung

HEFT 34
Prof. Dr. Thomas Ohm, Münster
Ruhe und Frömmigkeit
1955, 128 Seiten, 30 Abb., kartoniert, DM 8,—

HEFT 35
Prof. Dr. Hermann Conrad, Bonn
Die mittelalterliche Besiedlung des deutschen Ostens und das Deutsche Recht
1955, 40 Seiten, kartoniert, DM 2,—

HEFT 36
Prof. Dr. Hans Sckommodau, Köln
Die religiösen Dichtungen Margaretes von Navarra
1955, 172 Seiten, kartoniert, DM 7,20

HEFT 37
Prof. Dr. Herbert von Einem, Bonn
Der Mainzer Kopf mit der Binde
1955, 88 Seiten, 40 Abb., kartoniert, DM 6,—

HEFT 38
Prof. Dr. Joseph Höffner, Münster
Statik und Dynamik in der scholastischen Wirtschaftsethik
1955, 48 Seiten, kartoniert, DM 2,20

HEFT 39
Prof. Dr. Fritz Schalk, Köln
Diderots Essai über Claudius und Nero
in Vorbereitung

HEFT 40
Prof. Dr. Gerhard Kegel, Köln
Probleme des internationalen Enteignungs- und Währungsrechts
in Vorbereitung

HEFT 41
Prof. Dr. Johann Leo Weisgerber, Bonn
Die Grenzen der Schrift — Der Kern der Rechtschreibreform
1955, 72 Seiten, kartoniert, DM 3,25

HEFT 42
Prof. Dr. Richard Alewyn, Köln
Von der Empfindsamkeit zur Romantik
in Vorbereitung

HEFT 43
Prof. Dr. Theodor Schieder, Köln
Die Probleme des Rapallo-Vertrages 1922
in Vorbereitung

HEFT 44
Prof. Dr. Andreas Rumpf, Köln
Stilphasen der spätantiken Kunst
in Vorbereitung

HEFT 45
Dr. Ulrich Luck, Münster
Kerygma und Tradition in der Hermeneutik Adolf Schlatters
1955, 136 Seiten, kartoniert, DM 6,15

HEFT 46
Prof. Dr. Walther Holtzmann, Rom
Das Deutsche Historische Institut in Rom
Prof. Dr. Graf Wolff Metternich, Rom
Die Bibliotheca Hertziana und der Palazzo Zuccari
1955, 68 Seiten, 7 Abb., kartoniert, DM 3,50

JAHRESFEIER 1955
Prof. Dr. Josef Pieper, Münster
Über den Philosophie-Begriff Platons
Prof. Dr. Walter Weizel, Bonn
Die Mathematik und die physikalische Realität
1955, 62 Seiten, kartoniert, DM 2,90

HEFT 47
Prof. Dr. Harry Westermann, Münster
Person und Persönlichkeit im Zivilrecht
in Vorbereitung

HEFT 48
Prof. Dr. Johann Leo Weisgerber, Bonn
Die Namen der Ubier
in Vorbereitung

HEFT 49
Prof. Dr. Friedrich Karl Schumann, Münster
Mythos und Technik
in Vorbereitung

HEFT 50
Prof. Dr. Wolfgang Schöne, Hamburg
Raffaels Sixtinische Madonna
in Vorbereitung

HEFT 51
Prälat Prof. Dr. Dr. h. c. Georg Schreiber, Münster
Der Bergbau in Geschichte, Ethos und Sakralkultur
in Vorbereitung

HEFT 52
Prof. Dr. Hans J. Wolff, Münster
Die Rechtsgestalt der Universität
in Vorbereitung

HEFT 53
Prof. Dr. Heinrich Vogt, Bonn
Schadenersatzprobleme im Verhältnis von Haftungsgrund und Schaden
in Vorbereitung

HEFT 54
Prof. Dr. Max Braubach, Bonn
Der Einmarsch der deutschen Truppen in die entmilitarisierte Zone am Rhein im März 1936. Ein Beitrag zur Vorgeschichte des zweiten Weltkrieges
in Vorbereitung

HEFT 55
Prof. Dr. Herbert von Einem, Bonn
Die Menschwerdung Christi des Isenheimer Altars
in Vorbereitung

HEFT 56
Prof. Dr. E. J. Cohn, London
Der englische Gerichtstag
in Vorbereitung

HEFT 57
Dr. Albert Woopen, Aachen
Die Zivilehe und der Grundsatz der Unauflöslichkeit der Ehe in der Entwicklung des italienischen Zivilrechts
1956, 88 Seiten, kartoniert, DM 4,—

MIX
Papier aus verantwortungsvollen Quellen
Paper from responsible sources
FSC® C105338

If you have any concerns about our products,
you can contact us on
ProductSafety@springernature.com

In case Publisher is established outside the EU,
the EU authorized representative is:
Springer Nature Customer Service Center GmbH
Europaplatz 3, 69115 Heidelberg, Germany

Printed by Libri Plureos GmbH
in Hamburg, Germany